KB113415

0~7세까지 아이의 상상을 넓히고
생각의 깊이를 결정짓는

엄마의
어휘력

일러두기

1. 책 제목은 『』로, 그 외 논문이나 노래, 영화 제목은 모두 〈 〉로 표기합니다.

0~7세까지 아이의 상상을 넓히고
생각의 깊이를 결정짓는

엄마의
어휘력

"당신은 어떤 말을 건네는 엄마인가요?"

표유진 지음

Angle BOOKS

아이의 세상을 열어 주는
부모의 언어

이다랑

아동 청소년 상담사, 육아 상담 기업 그로잉맘 대표

아이를 키우는 부모라면 누구나 '말문이 막히는 순간'을 한 번 쯤은 경험한다. 나 역시 그런 순간들을 참 많이 겪었다. 하루 종일 말 못하는 어린아이와 단둘이 시간을 보내다 보면 언제나 나 혼 자서만 종알종알 떠들게 된다. 그러다 보면 아이에게 뭔가 좋은 언어 자극을 줘야 할 것 같긴 한데 더 이상 무슨 말을 해야 할지 모르겠고, 쓰는 말도 늘 거기서 거기인 것 같아 항상 뭔가 부족한 느낌이었다.

그러다 아이가 자라면서 다양한 말을 배우고 이런저런 질문이 많아지자 또 다른 고민의 순간들이 찾아왔다. 꼬리에 꼬리를 무 는 아이의 질문들에 대해 도대체 어떻게 설명을 해 줘야 할지 난

감할 때가 많았던 것이다. 또 열심히 설명해 준 뒤에도 '이렇게 이야기해 줄 걸⋯⋯', '내가 사용한 단어와 표현이 아이에게 적절했을까?'와 같은 아쉬움이 남기도 했다.

아이의 생각과 마음은 결코 혼자만의 힘으로 자라지 않는다. 부모의 마음, 그리고 부모가 비추는 세상과 만나 상호작용을 할 때 아이는 비로소 세상을 배우고 마음을 키운다. 그것이 아이의 마음이 발달하는 원리다. 그래서 아이가 성장하는 순간마다 부모의 언어는 많은 영향을 미친다. 이는 단순히 부모가 언어를 잘 사용해야 아이의 언어 발달도 잘 이루어진다는 과학적 이유 때문만은 아니다. 부모가 사용하는 언어를 들으며 아이는 세상을 인지하고, 세상에 마음을 열기 때문이다. 나와 세상을 구분하지 못한 채 태어나 점차 자신을 인식하고 부모로부터 분리되며 세상을 탐색하고 나아가는 모든 일련의 성장 과정에서, 부모가 사용하는 언어는 아이에게 '세상에 대한 인상'을 만들어 준다. 이 세상은 안전하고 즐거운 것이 많은 곳이라고, 이렇게 괜찮은 세상에서 살고 있는 나 역시 참 괜찮은 사람이라고 말이다. 이렇듯 아이의 생각은 부모가 보여 주고 들려주는 세상으로부터 시작된다.

또한 아이는 부모가 들려주는 언어를 통해 자신의 세상을 표현하는 법을 배운다. 아이들은 성장하면서 생각하고 느끼는 게 많지만 그것을 분명한 언어로 표현하기엔 아직 미숙하다. 그래서 타인의 마음에 공감하기 어려워하고, 감정을 조절하는 데 자주 실패한다. 부모는 이럴 때 아이를 다그치기보다 아이가 지금 이 순간 느끼는 감정이 무엇인지를 다양하고 분명한 언어로 되돌려 줘야 한다. 그렇게 아이의 마음을 이해하고 읽어 줄 때 아이는 자연스러운 공감을 배우고 자신의 마음을 다루는 방법을 알게 된다.

　나는 저자가 자신의 아이를 포함해 다양한 아이들과 대화를 나누는 모습을 많이 봐 왔다. 그림책을 만드는 사람이라 그런 걸까? 그녀가 사용하는 말들은 사물에 대한 없던 호기심도 만들어 내기에 충분했고, 언제나 아이로부터 더욱 풍성한 표현을 이끌어 내곤 했다. 그래서 나는 부모의 언어, 특히 부모가 사용해야 하는 말과 표현들에 대한 책이 나온다는 이야기를 들었을 때 정말 기뻤다. 가까이에서 훔쳐보고 싶었던 말의 비법을 드디어 알 수 있겠다는 반가운 마음이 들었다.

　아이에게 좀 더 다양한 말을 들려주고 싶지만 방법을 모르는 부모에게, 아이에게 무한한 호기심과 상상력을 심어 줄 수 있는 나만의 표현을 만들어 내고 싶은 부모에게 이 책을 적극 추천한다. 특히 이 책 곳곳에 소개된 멋진 그림책들은 낯선 언어 표현이 아직 어색하고 쑥스러운 부모들이 자연스럽게 새로운 시도를 할 수 있도록 돕는 매우 유용한 도구가 될 것이다.

당신은 아이에게
어떤 말을 걸어 주는 엄마인가요?

"엄마, 사랑해."

어느 날 아이가 나에게 말했다. 언제나 내가 아이에게 일방적으로 들려주던 그 말이 처음으로 아이의 말이 되어 나에게 되돌아온 그런 순간이었다.

아이와 함께해 온 지난 6년. 옹알이를 하던 아이가 엄마 아빠를 부르고, 한두 문장으로 자신이 원하는 바를 말하더니 어느 날부터는 어린이집 친구가 어떠하다며 주변의 이야기를 들려주기 시작했다. 그리고 지금은 친구처럼 내 기분을 묻고 웬만한 어른 못지않게 자신의 의견을 또박또박 이야기한다.

어느새 아이는 엄마와 아빠가 세상의 전부였던 세상에서 벗어나 점점 더 다채로운 경험을 만나며 상상의 넓이와 생각의 깊이가 하루하루 달라지고 있었다.

　아이가 태어나고 '엄마'가 되면서 나는 아이에게 어떤 표정을, 어떤 단어를, 그리고 또 어떤 태도를, 어떤 분위기로 건네야 하는지를 고민해 왔다. '아이가 이런 행동을 할 땐 뭐라고 말해 줘야 할까?', '아이의 질문에 꼭 맞는 대답은 무엇일까?', '정확한 문장으로 과연 답을 줄 수 있을까?', '엄마가 자주 사용하거나 조심해야 할 말이 있을까?' 그리고 상담이나 부모 교육 모임에서 받았던 수많은 엄마들의 질문을 떠올리면서 이것이 나만의 고민은 아니라는 걸 깨달았다.

　시시각각 변하는 하늘의 색, 뺨을 스치는 바람의 세기, 처음 먹어보는 음식의 맛 등 처음 만난 세상에 대한 끝없는 호기심을 예쁘게 키워주고 싶을 때, 평범한 하루를 마법처럼 신기하고 풍요롭게 만들어 주고 싶을 때, 부족한 단어로 자신의 마음을 어떻게든 이야기하려는 아이의 마음을 꺼내 주고 싶을 때 '엄마'는 내 아이를 위한 '엄마의 언어'를 찾게 된다. 물론 누구나 각자의 생각과 가치관을 가지고 있기 때문에 엄마의 말에는 '정답'이 없다. 하지만 '엄마의 언어'에 담긴 생각을 자양분 삼아 아이가 자신의 세계를 만들어간다는 것만 기억한다면, '내가 아이에게 하고 싶은 말'이 무엇인지에 도달하기는 좀 더 수월하지 않을까 싶다.

　　　　　　　　　　　　　　　　　　　　　엄마의 어휘력

이 책을 쓰는 내내 나 또한 생각했다. '나는 아이에게 어떤 말을 하는 엄마이고 싶은 걸까?'라고. 그리고 깨달았다. 나는 다 큰 어른으로서가 아닌 '어린이'를 먼저 경험하며 느꼈던 점들을 아이의 눈높이에서 이야기하고 싶다고.

아는 것들을 늘어놓기보단 궁금한 것을 함께 질문하고, 정답이 아닌 나와 상대방의 생각이 다를 수 있다는 것을 알려 주고 싶다. 또 불평불만을 앞세운 날 선 말보다 아름다움에 감탄하는 말을 먼저 들려주고 싶다. 무엇보다 아이가 진짜 듣고 싶은 말을 찾아 온기 가득한 언어로 들려주고 싶다.

그렇게 오늘도 나는 '해야 하는 말'이 아닌 아이와 함께 '듣고 싶은 말'을 생각한다.

'엄마'라는 귀한 말로 매일매일 수십 번씩 나를 부르는 귀여운 아들 치호, '치호 엄마' 이전에 '표유진'으로 불릴 수 있도록 한결같은 믿음과 사랑을 보내 주는 남편 윤관수 님께 고마움과 사랑을 보낸다. 마지막으로 나의 말들을 발견하고 책의 시작과 끝 모든 과정을 이끌어 준 고마운 벗 앵글북스 조민정 대표님께 깊은 감사를 전한다.

2021년 여름
표유진

차례

1장 이 세상은 안전해!

아이와 애착을 형성하는 엄마의 어휘력

0~18개월

아이의 세상을 키우는 언어 놀이

2장 하늘만큼 땅만큼 커져라!

아이의 오감을 깨우는 엄마의 어휘력

18~36 개월

아이의 세상을 키우는 언어 놀이

3장 "왜?"라고 묻는 아이에게!

3~5 세

아이의 상상력을 길러 주는 엄마의 어휘력

아이의 세상을 키우는 언어 놀이

4장 나를 인정해!

아이의 자존감을 높이는 엄마의 어휘력

4~6세

5장 소통의 기술은 필수!

아이의 사회성을 키워 주는 엄마의 어휘력

5~7세

6장 엄마도 아이의 언어를 먹고 자란다!

아이가 열어 주는 또 다른 세계

이 세상은 안전해!

아이와 애착을 형성하는 엄마의 어휘력

아기의 탄생은 엄마의 탄생을 의미한다.

아기가 엄마를 통해 세상의 의미와 그것을 표현하는 말을 배우듯

엄마는 아기를 통해 지금까지 사용했던 말과는 또 다른 언어의 세계에 들어선다.

아기의 눈짓, 발짓, 손짓을 보면서

그 작은 행동들이 무엇을 의미하는지 파악해 반응해야 하고

아기가 안정감과 편안함을 느낄 수 있는 다정한 말을 해야 한다.

아기가 앞으로 살아갈 세상에 대한 안내 역시 엄마의 말에서 시작된다.

아기는 엄마의 말을 통해 자신의 엄마가 곁에 있음을 확인한다.

엄마는 엄마의 말을 통해 자신이 엄마가 되었음을 확인한다.

반가워! 아이의 탄생,
환영의 말을 준비할 시간

아이가 태어났다.

"네가 우리에게 와 줘서 정말 기뻐. 정말 반가워."

나는 아이에게 첫인사를 건넸다. 불과 몇 시간 전까지만 해도 나의 배 속에서 숨을 쉬던 녀석이, 내 옆에 누워 있다니. 엄마 입장에선 정말 신비로운 일이다. 그런데 갓 태어난 아기는 어떤 기분일까?

생전 처음 가 본 낯선 여행지에 혼자 서 있는 기분을 떠올려 본다. 아기 입장에서 세상은 낯선 여행지와 같을 테다. 안전한 엄마 배 속에서 나와 생명줄이던 탯줄이 끊어졌다. 그리고 이젠 혼자의 몸이다. '이 곳은 어디일까?' 싶어 당황스럽고 혼란스럽지 않을까? 무섭고 긴장되진 않을까?

심리학에선 아기가 탄생 후 처음 느끼는 감정을 '불안'이라 말한다. 그렇기 때문에 나는 더욱 힘주어 진심을 다해 나의 아기에게 인사를 했다.

"아가야, 너를 환영해!"

이 땅에 태어난 아이들이 처음 들어야 하는 말은 당연히 환영의 말이다. 아기가 불안하지 않도록, 안심할 수 있도록, 다정하고 따뜻하게 기쁜 마음으로 반갑게 인사해야 한다.

하지만 이내 불어닥친 벼락바람 같은 육아 현장에서 나는 환영의 시간을 더 이상 누리지 못했다. 그야말로 정신없는 '엄마의 시간'이 찾아왔기 때문이다. 온전한 보살핌을 필요로 하는 아기를 먹이고, 재우고, 기저귀를 갈아 주고 나면 하루가 지나 있었다. 나는 처음 경험하는 엄마라는 자리에 적응하고 닥친 일을 해 내느라 24시간 내내 피곤했다. 아기에게 어떤 말을 건네며 상호작용을 해야 할지 생각할 겨를조차 없었다.

그렇다고 초보 엄마였던 내가 아이와 관계 맺기를 전혀 하지 않은 건 아니다. 양육자가 아기의 욕구를 제때에 맞춰 충족시키는 수많은 보살핌의 행동들 역시 상호작용의 한 형태다. 요청과 반응이 오고 가는 상황들이기 때문이다.

하지만 이것만으로는 조금 아쉬웠다. 먹고 자고 싸는 본능 충족 외에 더 많은 이야기를 아이와 나누고 싶었다. 앞으로 아이가 만나게 되는 더 넓은 세상을 하나하나 가르쳐 주고 싶었다. 지금이야 24시간 양육자의 보호가 필요한 갓난아기지만 아이는 쑥쑥 자란다. 언제까지나 집 안에서 보살핌을 받으며 살 수 없기에 밖으로 나갈 준비를 하나하나 해 두어야 한다. 그렇다면 두리번거리며 주변을 둘러보는 아기에게 환영의 인사 다음 어떤 말을 해야 할지 감이 잡힌다. 나는 세상을 설명하기 시작했다.

"아가야, 이 세상은 수많은 색깔들로 반짝인단다. 네 기분을 즐겁게 해 주는 소리들도 가득해. 맛있는 것도 아주 많아. 아이들은 달콤하고 고소한 맛을 좋아하는 것 같아."

색깔. 소리. 맛. 감촉. 냄새……. 아이가 앞으로 자라며 자신의 감각을 통해 만나게 될 세상이 얼마나 다채로운지를 나의 감각을 빌려 이야기해 주었다. 거기에 내가 좋아하는 것들을 덧붙여 이야기하다 보니 해 줄 말이 점점 많아졌다.

"엄마는 세상의 많은 색깔 중에 늦봄의 초록빛을 정말 좋아해. 좋아하는 소리는 피아노 연주 소리인데, 물론 연주가 훌륭해야 해. 너한테도 들려줄게. 참, 엄마는 매콤한 떡볶이를 좋아해. 언젠가 너랑 떡볶이를 같이 먹는 날도 오겠지?"

마치 라디오 디제이가 누군가의 사연을 읽듯, 나는 아이에게 나의 이야기를 들려주었다. 그러다 보니 자연스레 앞으로 아이에게 보여 주고 싶은 것, 함께 하고 싶은 것들이 생각나면서 엄마의 시간에 대한 기대가 함께 자라났다.

나의 이야기를 들으며 아이는 어떤 생각을 했을까? 앞으로 자신이 탐험할 세상에 대한 기대와 흥미를 마음속에 꼭꼭 쌓았으면 싶다. 한편으론 이런 바람 역시 아이와 함께할 앞으로의 시간이 기대되고 설레면서도, 내가 잘할 수 있을까 불안과 걱정이 가득한 초보 엄마의 욕심일지도 모르겠다.

하지만 지금 이 순간 내 아이에게 내가 살아오며 보고 듣고 느끼고 생각한 세상을 이야기해 주고 있다니! 지금 아이에게 건네는 이 말이야말로 앞으로 아이와 나눌 수많은 말들을 모두 감싸 안을 가장 커다란 말이지 않을까.

"이 세상에 온 걸 축하해."

지인들의 아기가 태어났다는 소식을 들으면 나는 언제나 환영 인사를 건넨다. 이 세상 모든 아기들이 환영 받는 존재이길 바란다. 그리고 멋지게, 신나게, 이 세상을 탐험하며 건강하게 자라기를 응원한다.

그럼, 지금부터 구체적으로 응원을 시작하자. 아이들이 안심하고 자랄 수 있는 다정한 말과 이 세상이 얼마나 재미있는 곳인지를 알려 주는 감각의 말, 거기에 스스로 자신을 알아갈 수 있도록 일깨워 주는 탐색의 말까지. 엄마의 모든 말은 아이를 향한 사랑이고 응원이다.

지구에 온 너에게

소피 블랙올 글·그림, 정회성 옮김, 비룡소

아기에게 이 세상의 모습을 어떻게 묘사해 줘야 할지 막막하다면 무조건 펼쳐 봐야 할 그림책이다. 지구에 처음 온 누군가에게 지구가 얼마나 아름답고 다양한 것들로 가득 차 있는 곳인지를 소개하는 책으로, 지구에 대한 다정하고 사려 깊은 소개서라고 할 수 있다. 자연에서부터 살아가는 생명들에 관한 이야기까지 엄마가 들려주고 싶은 세상에 관한 모든 이야기가 담겨 있다.

엄마의 어휘력을 키워 주는 그림책 속 한 문장
"지구에는 어마어마하게 큰 것들도 있고 눈에 보이지 않는 것들도 있어."
아기에게 엄마가 많은 말을 들려줘야 한다는 건 알지만 사실 무슨 얘기를 어떻게 해야 할지 막막할 때가 많다. 그런 엄마들에게 『지구에 온 너에게』는 무궁무진한 이야깃거리를 제공한다. 일단 지구에 있는 어마어마하게 큰 것들에 대해 아기에게 이야기해 보자. 또 눈에 보이지 않는 것들도 말이다.
"어마어마하게 큰 것은 너를 향한 나의 사랑. 눈에 보이지 않는 것 역시 너를 향한 나의 사랑."
조금 오글거려도 곧 익숙해질 테니 걱정할 필요 없다. 엄마의 말 중 8할이 아이를 향한 일방적인 사랑 고백이니 말이다.

아이 곁에서 조용하고 차분한 목소리로 그림책을 읽어 주자. 당연히 아직은 그림책의 이야기나 그림에 아이가 반응을 보이지 않는다. 그러니 이제 막 세상에 태어난 아이를 붙들고 색깔이나 모양, 동물 이름을 알려 주려 애쓰지 말고 그저 아름다운 단어로 세상을 설명하는 엄마의 목소리를 들려주자. 이 시기 엄마와 아이에게 필요한 그림책은 엄마가 보았을 때 기분 좋고 재미있고 편안한 그림책이다. 아이는 책의 내용이 아닌 엄마의 소리와 동작, 미소를 관찰하기 때문이다. 엄마가 들려주는 세상 이야기가 아이의 무의식 속에서 아름답게 자리하길 바란다.

뽀뽀뽀, 코코코, 쭉쭉쭉!
애착을 부르는 접촉의 말

꼭 껴안으면 부서질 듯 작았던 아기가 백일 무렵이 되자 포동포동 살이 올랐다. 오른 살만큼이나 놀라운 성장은 바로 아기의 옹알이다.

"오옹오옹."

"우리 아가 목욕하니까 개운하구나!"

"아아우우."

"우리 아가 맘마 먹으니까 기분이 좋아요?"

아기의 옹알이를 멋대로 해석하긴 했지만 일상의 활동들을 소재로 아기와 대화를 나누기 시작했다는 건 대단한 발전이다. 눈을 맞추고 최대한 나긋나긋한 목소리를 들려주면 아기는 방긋 방긋 예쁜 웃음으로 대답한다. 엄마와 아이 모두 기분이 좋을 수밖에.

그러나 절대 육아가 늘 이렇게 평화로울 수만은 없다. 어떤 날엔 잔뜩 골이 나 떼를 쓰고 울기만 하는 아이를 하루 종일 달래야 했다. 도대체 뭐가 불편한지, 말이라도 해 주면 좋으련만. 울기만 하는 아기를 달래다 보면 진이 빠지고 기분이 가라앉았다. 어떤 날은 아기는 아무렇지도 않은데 내가 문제였다. 문득 아기를 위해 아무것도 하지 않는 무신경한 엄마 같이 느껴져 인터넷 속 엄마표 놀이들을 검색하며 다른 이들의 육아와 나의 육아를 비교하게 될 때는 나도 모르게 의기소침해졌다.

그런데 그런 엄마의 감정을 아는 것인지, 이런 날이면 어김없이 아이의 옹알이가 눈에 띄게 줄었다. 몸이 편하지 않고 엄마는 자신이 아닌 휴대전화와 눈 맞춤을 하고 있으니 당연한 결과였다. 나라도 옹알옹알 이야기하고 싶지 않았을 것이다.

꼭 아기를 달래기 위해 엄마의 마음까지 만신창이가 될 필요가 있을까? 거창한 엄마표 놀이를 해야만 아이가 즐거울까? 사실 이 시기 아이와 엄마에게는 대단한 것이 필요하지 않다. 쉽고 간단한 방법으로 엄마도 아이도 편안한 애착 시간을 가질 수 있다.

먼저 뽀뽀뽀 타임이다.
"보들보들 울 애기 발 뽀뽀뽀! 폭신폭신 울 애기 손 뽀뽀뽀! 뽀송뽀송 울 애기 볼 뽀뽀뽀!"

'뽀뽀뽀'는 엄마의 애정을 전하는 가장 예쁜 소리 같다. 아기의 살은 정말 기분 좋은 촉감이다. 아기에게 뽀뽀를 하며 화가 나거나 짜증이 나는 이가 있을까? 엄마의 뽀뽀에 아이는 꺄르르 웃음소리로 답하기 마련이다.

이번에는 아기의 얼굴을 하나하나 짚으며 생김새를 읽어 줄 차례다.

"코코코코 예쁜 눈! 코코코코코 귀여운 입술! 코코코코코 조그만 귀! 코코코코코 볼록한 이마!"

리듬을 넣으며 손가락으로 부드럽게 아이의 얼굴을 두드린다. '코코코'를 하기 위해서는 당연히 아기의 얼굴을 가까이에서 바라봐야 한다. 아이도 엄마의 눈과 입을 바라보고 표정을 살펴볼 수 있다. 엄마의 부드러운 표정과 재미있는 소리는 아이의 기분을 즐겁게 한다.

마지막으로 쭉쭉쭉 체조를 시작한다.

"쭉쭉쭉쭉 길어져라 허벅지! 쭉쭉쭉쭉 길어져라 팔뚝! 쭉쭉! 쭉쭉!"

아기의 두 손과 두 발을 잡고 부드럽게 주무른다. 손끝, 발끝에서부터 아이의 온몸을 마사지해 주면 아이의 몸은 기분 좋은 이완 상태가 된다. '쭉쭉쭉'은 매일매일 크느라 애쓰는 아이에게 건강하게 자라라고 외치는 응원 구호가 된다.

나는 뽀뽀뽀, 코코코, 쭉쭉쭉을 '스킨십 삼총사'라고 부르는데,

스킨십의 사전적 정의는 피부의 상호 접촉으로 애정이 교류되는 것이다. 엄마가 아기의 얼굴을 바라보며 사랑 가득한 눈빛을 보내고 아기의 몸을 쓰다듬으면 당연히 애정이 흐르고 엄마와 아이 사이에 교감이 이루어진다. 때문에 스킨십 삼총사는 건강한 애착 형성을 도와주는 참 고마운 말이다.

작지만 놀라운 효과를 가져오는 엄마와 아이의 대화에는 베이비 사인도 있다. 아직 말로 의사표현을 할 수 없는 아기들은 울음, 표정, 동작 등으로 자신의 의사를 엄마에게 전달한다. 아기가 배가 고픈지를 알아보기 위해 볼을 톡톡 두드리면 아기 새처럼 입을 벌리는데, 그 모습이 귀여워 나는 수시로 아기의 볼을 두드리곤 했다. 아기의 울음도 자세히 들으면 상황에 따라 모두 다르다. 기저귀가 축축할 때는 그냥 칭얼칭얼 대는 정도라면 몸이 아플 때는 높은 소리로 날카롭게 우는데 이 역시 대표적 베이비 사인이라고 할 수 있다.

하지만 베이비 사인은 언어처럼 정해진 규칙이 있지는 않다. 많은 아이들이 비슷하게 하는 베이비 사인도 있고, 또 자기만의 동작을 가지는 경우도 있다. 분명한 건 애착이 잘 형성될수록 엄마가 아기의 사인을 보다 정확히 알아듣게 된다. 아기의 말을 이해하기 위해서는 아기를 자세히 그리고 민감하게 살펴야 하는데 이는 곧 안정 애착 형성의 기본 조건이기 때문이다.

엄마랑 뽀뽀

김동수 글·그림, 보림

친근하고 귀엽게 그려진 동물들이 엄마와 아이 짝을 지어 등장한다. 그러고는 뽀뽀를 주고받는다. 단순하고 반복적인 구성의 아기 그림책으로, 매 장면 뽀뽀라는 말이 나올 때마다 우리 아이에게 뽀뽀를 해 보자. 같은 출판사에서 출간된 아기 그림책 『아빠한테 찰딱』과 짝꿍처럼 잘 어울린다. 두 책을 스킨십 그림책으로 활용하면 좋겠다. 두 책 모두 밝고 경쾌하며 사랑스럽다.

어휘력을 키워 주는 그림책 속 한 문장

"재롱둥이 우리 아가 엄마랑 뽀뽀."

'엄마랑 뽀뽀'라는 구절은 매 장면마다 반복되는데 그 앞에 아기를 꾸며주는 말은 매 장면 등장하는 아기 동물마다 다르다. 재롱둥이, 귀염둥이, 장난꾸러기 등등 아기를 부르는 다양한 표현도 익혀 두자. 더불어 『아빠한테 찰딱』 속 어리광부리, 천하장사, 개구쟁이 등등의 아기 동물들이 아빠한테 안기기 위해 다양한 모습으로 움직이는데, 이때 등장하는 겅중겅중, 곰질곰질, 살금살금 등의 의태어도 함께 익혀 두면 좋겠다.

아이와 재미있게 그림책을 보는 팁

돌이 되기 전 아기들의 사랑스런 모습을 담은 동시집 『사랑해 사랑해 우리 아가』도 아기에게 함께 읽어 주자. 한 번에 다 읽기보다는 한 편씩 외워 두고 동시 속 상황과 비슷한 상황에서 노래하 듯 동시를 들려주면 좋겠다. 뽀뽀뽀, 코코코, 쭉쭉쭉은 물론이고, 아기와 관련된 귀엽고 재미있는 의성어와 의태어들이 가득하다. '반짝반짝 쪽쪽. 까르르까르르 뿡뿡, 엄마 손은 약손, 오동보동 포동이, 부비부비 코코' 등 수록된 동시 24편의 제목들만 외워도 엄마의 어휘 능력이 초고속으로 업그레이드되는 걸 느낄 수 있 다. 돌 전 아기에게 필요한 엄마의 어휘력을 기르기 위한 책으로 손색이 없다.

나비잠과 꽃잠,
불안을 없애는 편안한 말

아기가 낮잠을 자는 따뜻한 봄날만큼 평화로운 시간이 또 있을까? 아기가 뒤척임 없이 두 팔 벌려 곤히 잠을 자고 있다. 그 모습이 꽃처럼 예쁘다.

"우리 아기 나비잠 자네."

아기가 양팔을 벌리고 자는 모습을 우리말로 나비잠이라고 한다. 나비가 날개를 펼치고 있는 모습 같다고 해서 지어진 이름이다. 나비잠이라니, 이름도 참 곱다.

"꽃잠 꿈 속 꽃밭에서 너울너울 날아다니나."

미소 띤 얼굴을 보니 꽃잠 속에서 꽃밭 소풍이라도 간 모양이다. 꽃잠은 깊이 든 잠을 말한다. 아기의 모습에 나비잠, 꽃잠처럼 고운 우리말을 더하면 사랑스러움이 더욱 커진다. 아기를 바라보는 엄마의 시선이 함께 전해지며 마음까지 따뜻해진다.

그때 곤히 자던 아이가 몸을 뒤척이며 살짝 미간을 찌푸렸다. 나는 얼른 아이를 도닥이며 나지막한 목소리로 자장가를 불렀다.

자장자장 우리 아가 살랑살랑 나비잠.
자장자장 우리 아가 어여쁜 꽃잠.
자장자장 우리 아가 달콤한 단잠.
자장자장 우리 아가 스르르 이슬잠.
자장자장 우리 아가 잘도 잔다 우리 아가.

사실 아기를 잘 재우는 일은 초보 엄마였던 나에게 참 어려운 일이었다. 졸려서 칭얼대는 아기를 안고 방 안을 이리저리 서성이다 잠이 든 거 같아 살포시 내려놓으려고 하면 아기는 이내 울음을 터트렸다. 다시 또 아기를 안고 이 자세 저 자세 바꿔가며 애를 쓰다가, 마침내 아기가 가장 편안해 하는 자세를 찾았다. 바로 소파에 기대어 앉아 내 가슴과 아기의 가슴이 맞닿도록 자세를 잡은 후 재우는 거였다. 비록 아기가 자는 동안 난 절대 움직일 수 없었지만 아기가 깨지 않고 자는 것만으로 감사했다. 나는 토닥토닥 아기의 등을 두드리며 자장가를 불렀다. 탯줄이 끊어졌어도 우리는 연결되어 있다고, 엄마는 아무 데도 안 가니 불안해 하지 말고 잠을 자라고 말이다.

까꿍!

◌ "백옥같이 예쁜 아기의
샛별 같이 맑은 눈에
소록소록 잠이 온다."

앞에서 소개한 자장가는 그렇게 탄생한 엄마표 자장가였다. 편안히 잠을 청해도 괜찮다고 아기에게 보내는 나만의 신호라고 할까. 예부터 전해 내려오는 우리나라 자장가 리듬에 잠과 관련한 우리말을 붙여 만들었다. 순우리말에는 모국어가 가진 아름다움과 편안한 정서가 듬뿍 담겨 있으니 아이의 내재된 불안을 잠재우는 데 참 좋은 선택이었던 것 같다.

굳이 엄마표 자장가를 만들지 않아도 된다. 우리나라의 전래 동요 자장가 한두 곡을 찾아 아이에게 불러 주자.

"자장자장 우리 아가 우리 아기 잘도 잔다. 멍멍 개야 짖지 마라 꼬꼬 닭아 울지 마라."

우리 엄마는 손주를 재울 때면 늘 이 자장가를 부르셨다. 멜로디와 가사 모두 익숙하고 편안한 걸 보면, 엄마는 나를 키울 때에도 이 자장가를 즐겨 불렀을 것이다. 자연스레 나도 아이에게 즐겨 불러 주는데, '꼬꼬 닭' 다음의 노랫말은 잘 모르겠다. 하지만 시간 내어 찾아보지도 않았다.

어떤 날엔 "야옹이야 울지 마라.", 또 어떤 날엔 "앞집 개야 짖지 마라." 하면 되기 때문이다. '음매 소'도 '따그닥 말'도 모두 조용히 해야 하는 자장가. 엄마표 자장가는 누구든 만들 수 있다.

신현득이 다듬은 전래 동요집 『어린이가 정말 알아야 할 우리 전래 동요』에는 일곱 곡의 자장가가 수록되어 있는데 어느 것 하나 빼놓지 않고 우리말이 참 예쁘다. 고성 지방의 전래 동요는

"백옥같이 예쁜 아기의 샛별 같이 맑은 눈에 소록소록 잠이 온다."라며 아기의 모습을 사랑스럽게 그리고 있다. 경북 지방의 자장가는 "자장자장 아기 자장, 자장 밭에 잎이 피고." 하며 시작된다.

우리 아이의 자장 밭은 어떤 모습일까? 그곳에 나비도 날고, 토끼도 오고, 딸기도 열렸으면 좋겠다. 물론 당연히 잠도 오고 말이다.

○─ 함께 보면 좋은 그림책

북쪽 나라 자장가

낸시 화이트 칼스트롬 글, 리오 딜런·다이앤 딜런 그림, 이상희 옮김, 보림

알래스카의 밤하늘에 뜬 오로라가 춤을 추는 듯한 아름다운 색깔과 평온한 노랫말을 감상할 수 있는 자장가 그림책이다. 자연의 품속에서 고요하고 따뜻한 밤을 맞이하는 장면이 연상되는데, 아기가 잠들었을 때 이 그림책을 읽어 주면 왠지 아름다운 꿈을 꿀 것만 같다.

어휘력을 키워 주는 그림책 속 한 문장
"잘 자요 별 아빠, 잘 자요 달 엄마, 캄캄한 밤하늘에 은빛 팔 드리우고 잘 자요."
책에서는 별 아빠, 달 엄마, 산 할아버지, 강 할머니, 큰사슴 삼촌

처럼 자연을 친근한 가족으로 의인화해서 표현하고 있다. 별 아빠, 달 엄마의 품속에서 포근히 잠이 들면 아기는 얼마나 안전할까? 포근하면서도 감동을 주는 말이다. 잘 외워 두면 유용하게 활용할 수 있다.

아이와 재미있게 그림책을 보는 팁

밤에 잠자리에 들기 전 그림책 한두 권을 엄마나 아빠가 읽어 주는 생활 습관은 아이가 아주 어렸을 때부터 시작하면 좋다. 꼭 자장가나 잠과 관련한 이야기가 아니어도 좋다. 아이가 말을 하기 전인 영아기에는 엄마와 아빠가 읽었을 때 편안한 책을 선택하고, 이후에는 아이가 좋아하는 책을 읽어 준다. 잠에 들 시간이라는 신호가 되기도 하고 아이의 잠자리를 기분 좋게 만들어 주는 장치가 된다. 또한 부모와 아이 사이의 애착 형성에도 큰 도움이 된다.

탁탁 틱틱 톡톡 툭툭!
호기심을 자극하는 재미있는 말

이유식을 시작한 아기와 함께 식탁에 앉아 식사를 한다는 건 한마디로 전쟁이다. 아이는 맨 손으로 이유식을 주무르고 그 손으로 얼굴을 비빈 후 뭐가 그리 신이 나는지 숟가락으로 연신 식탁을 두드려 댔다. 휴, 한숨이 절로 나오지만 속으로 삼키며 다른 말을 꺼냈다.

"탁탁 소리가 나네."

아이가 씨익 웃는다.

"어! 틱틱 소리도 나네."

재미있는지 숟가락을 또 두드린다.

"탁탁 틱틱 톡톡 툭툭! 탁탁 틱틱 톡톡 툭툭! 탁! 틱! 톡! 툭!

탁! 틱! 톡! 툭!"

나는 손과 입으로 리듬과 소리를 만들었다. 아이가 식탁을 두드리는 행동을 반복한다는 건 분명 탐색하고자 하는 무언가가 있다는 뜻이다. 나는 그것이 소리라고 생각했다.

만약 내가 이리저리 날아다니는 밥풀에 짜증이 나서 아이가 들고 있던 숟가락을 빼앗았다면 우리의 식사 시간은 어땠을까? 아이는 아이대로 빼앗긴 숟가락을 달라고 떼를 썼을 것이고, 나는 나대로 그런 아이를 달래고 엉망이 된 식탁을 치우느라 혼을 쏙 뺐을 게 분명하다.

이 시기 아이는 한마디로 호기심 덩어리다. 일단 궁금한 것이 생기면 그게 무엇이든 손으로 잡아야 하고 입에 넣어야 한다. 두드리고 떨어뜨리고 던지며 적극적으로 궁금함을 풀어간다. 흙을 입에 넣고 돌을 던지고 유리창을 두드리는 모든 행동은 "난 이게 궁금해요!"의 표현이다.

이때 맛, 냄새, 소리, 질감 등 자신의 몸을 통해 어떤 자극을 느꼈는데, 그것이 재미있거나 마음에 든다면 아이는 그 행동을 반복한다. 끊임없이 반복하며 아이는 세상을 알아 가고 성장한다. 내가 아이의 행동 결과를 의성어로 되돌려 준 이유는 "두드리면 어떤 소리가 나는지 궁금했어?" 하고 아이의 욕구에 반응하고 아이의 욕구를 알아주기 위해서였다.

자연스레 아이는 '두드리면 소리를 만들 수 있구나. 이건 탁탁 소리가 나는구나. 다른 건 어떤 소리가 날까?' 하는 식으로 자신의 탐색 결과를 알게 되고 또 다른 호기심을 키워 나갈 것이다. 이런 과정들 속에서 아이들은 제법 똑똑해진다고 믿는다.

물론 엄마 입장에선 우아하고 느긋하고 조용한 식사 시간과는 거리가 더욱 멀어질 테지만 아이의 행동을 조심시키고 호기심을 억누르기 위해 스트레스를 받을 필요도 없지 않을까? 조금은 시끄럽고 지저분한 시간 속에서 아이의 호기심은 여러 방향으로 뻗어 나가게 될 테니 말이다.

6개월 무렵의 아기들은 소리에 민감하게 반응한다. 다양한 소리는 아이의 재미난 장난감이 된다. 아이와 함께 나무, 철, 플라스틱, 유리, 솜, 흙, 물 등 다양한 물질을 두드려 보고 소리를 표현해 보자. 깨지거나 부서지기 쉬운 물건들을 아이 곁에 두고 "위험해! 하지 마! 더러워!"라는 말로 아이를 가두지 말자. 아이가 마음 놓고 탐색할 수 있는 물건들을 주면서 "탁탁, 틱틱, 톡톡, 툭툭, 턱턱, 챙챙, 칭칭, 푹푹, 퍽퍽, 철버덩철버덩, 찰찰, 촐촐⋯⋯." 함께 두드리고 만져 보자.

제각기 다른 소리와 함께 다양한 물질의 촉감 역시 아이들의 감각을 깨우고 호기심을 자극한다. 아이들은 "이게 뭐지?" 하는 호기심을 시작으로 세상의 많은 것들에 질문을 던지게 된다. 그리고 직접 만지고 느끼면서 스스로 질문에 답을 한다. 아이들은 그렇게 세상을 탐구하며 성장한다.

여우는 어떤 소리를 내지?

일비스·크리스티안 레크스퇴르 글, 스베인 니후스 그림, 박하재홍 옮김, 같이보는책

몇 해 전 유튜브에서 큰 인기를 끌었던 노래 'What Does the Fox Say?'의 노랫말에 북유럽 그림책의 거장 스베인 니후스가 그림을 그려 만든 그림책이다. 동물들의 다양한 소리와 더불어 여우의 엉뚱하고 기상천외한 노랫소리가 익살스럽게 그려졌다. 동물소리는 다소 뻔한 의성어로 표현되는 경우가 많은데 유머 넘치는 그림책에서 힌트를 얻어 엄마도 재미난 동물 소리를 연구해보면 좋겠다.

어휘력을 키워 주는 그림책 속 한 문장

"여우는 어떤 소리를 내지? 디링딩딩 딩기딩기딩 디링딩딩 딩기딩기딩."

위의 문장 외에도 익살스런 여우의 표정과 정말 딱 어울리는 신나는 여우 소리가 그림책 가득 펼쳐진다. 개, 고양이, 오리, 금붕어, 물개 등 다양한 동물들의 소리 역시 재미있게 표현되어 있다. 아기들에겐 신기한 소리를 듣는 경험이 되고 세 살 이상의 아이들에겐 따라 하며 말놀이의 재미를 느끼게 해 준다. 물론 실감나게 읽어 주는 어른은 아이들에게 큰 인기를 끌 것이다.

아이와 재미있게 그림책을 보는 팁

노랫말을 만든 노르웨이의 코미디 듀오 일비스와 크리스티안 레크스퇴르의 유튜브에 있는 뮤직비디오도 매우 재미있다. 아이에게 영상을 보여 주는 건 추천하지 않으나 엄마는 한 번쯤 찾아보면 좋을 것 같다. 그림책을 아이에게 읽어 주는 데 많은 영감을 받게 될 것이다. 흥겹고 즐겁게!

엉덩이 나팔 뿌우우웅,
내 몸을 탐색하는 똑똑한 소리

"엄마 몸이 연주를 시작했어. 잘 들어 봐."

아이의 귀를 내 배 가까이 붙이며 이야기했다. 그 순간 배에서 '꼬르르륵' 소리가 났다.

아이가 낄낄거리며 웃었다.

"꼬르르륵 꼬르르륵 들렸어? 엄마 배가 노래를 해."

"꼬드드드."

"자, 이번엔 엄마 손 탬버린 연주, 짝짝짝 짝짝짝!"

아이가 손뼉을 치며 '짝짝짝' 소리를 입으로 따라 했다. 그러면서 또 다른 연주를 기다리는 눈치다.

"엄마 입은 호루라기지. 휘릿휘릿. 휘뤼리릿."

"휘이이휘이."

"엄마 배는 작은 북이야. 통통통. 퉁퉁퉁."

내가 배를 두두르며 소리를 내자 아이는 자신의 배를 통통 두 드리며 행동과 소리를 따라 했다.

"자, 이제 엉덩이 나팔이다. 뽀오오오옹!"

엉덩이를 흔들며 뽀옹, 뿌웅, 입으로 방귀 소리를 흉내 내자 아 이는 또 그 소리가 재미있어 손뼉을 친다.

두 발을 힘껏 구르면 '쿵쿵쿵', 조금 가볍게 구르면 '콩콩콩' 소 리가 난다. 손바닥으로 팔뚝, 엉덩이, 발바닥을 차례로 두드려 보 면 모두 소리가 다르다는 걸 알 수 있다. 입을 '쩝쩝' 거리는 소리, 머리카락을 '바스락바스락' 비비는 소리, 손가락끼리 '똑똑' 부딪 히는 소리까지, 우리 몸은 참 시끄럽다. 그리고 굳이 입을 사용하 지 않아도 참 재미난 소리가 많이 난다.

아이는 '엄마'라는 말을 시작한 이후 다양한 소리를 수집하고 따라 하느라 하루하루가 바쁘다. 그런 아이에게 가장 가까이에서 쉽게 발견할 수 있는 소리 집합체가 너의 몸이라고 알려 주면 얼 마나 신이 날까? 여러 의성어들을 활용해 재미있게 몸의 기관과 소리를 연결시키자 아이는 소리 수집과 더불어 자연스레 몸 구석 구석을 만져 보고 움직였다.

신체 탐색 및 인식은 아기에게 무척 중요한 부분이다. 내 몸에 무엇이 있고 어떻게 움직이는지, 어떤 기능이 있는지를 알아야 성장을 할 수 있기 때문이다. 걸음마를 하게 되는 과정만 살펴봐도 아이가 얼마나 조심스럽고 정성스럽게 신체를 탐색하고 연습을 거듭해 걷기에 성공하는지 알 수 있다. 엄마가 아이의 몸 구석구석을 소리로 읽어 주고 의성어를 이용해 재미를 더하면 아이의 신체 탐색은 더욱 활기차게 진행된다.

　신체 동작을 유도하는 의태어와 놀이도 도움이 된다. "짝짜꿍, 짝짜꿍" 손뼉을 치면서 아이는 눈과 손을 함께 움직이는 법을 기르고 "도리도리" 동작을 따라 하며 자연스레 목 운동을 하게 된다. 주먹을 쥐었다 폈다 하며 소근육 발달을 돕는 "잼잼" 동작과 눈과 손의 협응 능력을 길러 주는 "곤지곤지" 동작까지, 오래전부터 전해 내려오는 아기 놀이들은 더없이 효과적인 성장 놀이이자 현명한 엄마의 말이다. 조선 시대에는 이런 놀이가 왕자들의 두뇌 개발 운동법으로도 쓰였다고 하니 부지런히 조상의 지혜를 본받아야 할 것 같다.

　거울을 활용해 훌륭한 자기 탐색 놀이를 할 수도 있다. 안전하게 설치된 대형 거울은 아이가 자신의 몸 전체를 바라보며 요리조리 움직임과 생김새를 탐색해 볼 수 있는 좋은 도구다. 사실 엄마가 별다른 준비를 하지 않아도 아이는 거울에 비친 자신의 얼굴에 뽀뽀를 하기도 하고 "빠이빠이!" 하며 손을 흔들기도 한다. 자신의 표정을 살피고 살며시 거울 속 자신을 만지면서 즐겁게 논다. 안전만 신경 쓰면 되니 이만한 놀잇감이 없다. 손거울을 보여 줬다 가렸다 하며 까꿍 놀이를 하거나 돌 무렵부터는 글라스 크레용을 이용해 거울에 낙서를 하는 것도 재미있다.

○ 함께 보면 좋은 그림책

내 몸이 말해요
한나 알브렉트손 글·그림, 김지영 옮김, 키즈엠

아이가 자신의 몸을 이리저리 움직일 때 몸의 다양한 부위가 들려주는 이야기다. 발을 쿵쿵 구르고, 엉덩이를 실룩샐룩 움직이고, 손을 흔들흔들 흔든다. 의성어와 의태어를 이용해 신체 움직임과 기능을 자연스럽게 탐색하는 아기 그림책으로, 책에 등장하지 않은 신체 부위의 이야기까지 상상해 보면 좋겠다.

어휘력을 키워 주는 그림책 속 한 문장
"팔이 말해. 꼬오옥 꼭."
이런 문장은 아이가 일어났을 때와 아이가 잠이 들 때 한 번씩 꼭 들려주면 좋겠다. 물론 말로만이 아니라 아이를 꼭 안아 주면서 말이다.

아이와 재미있게 그림책을 보는 팁
엄마와 아이가 함께 책 속 아이의 동작을 따라해 보자. "엄마 발은 말해. 우리 아가 발하고 만나고 싶다고. 아빠 손은 말해. 우리 아가 손하고 만나고 싶다고." 하는 식으로 내용을 덧붙여 부모와 아이의 자연스런 스킨십을 유도해도 좋다. 읽는 책이 아닌 함께 따라 하고 움직여 보는 책으로 활용하면 비교적 큰 아이들도 무척 좋아할 것이다.

폭신폭신 솜털씨앗,
만족감을 주는 촉감 단어

"꼭꼭 숨어라. 머리카락 보인다. 꼭꼭 숨어라. 머리카락 보인다. 우리 애기 어딨지?"

돌 즈음부터 아이는 하루에도 열두 번씩 까꿍 놀이를 했다. 자기 눈을 가리면 세상의 모든 것들이 안 보인다 생각하는 아주아주 귀여운 시기다. 아이는 이불 안으로, 커튼 뒤로, 때로는 자기 손바닥 뒤로 얼굴과 몸을 숨겼다. 그리고 나의 "까꿍!" 소리와 함께 얼굴을 내밀며 깔깔거렸다.

아이는 유독 이불 속으로 숨는 걸 좋아했다. 엉덩이는 삐죽 나와 있으면서 얼굴만은 꼭 이불 속에 넣은 채 사라진 자신을 찾아보라며 키득거린다. 이때 중요한 건 엄마의 과장된 리액션!

"찾았다! 아이고, 못 찾을까 봐 엄청 걱정했네."

안심하는 척을 하며 이불 위에서 아이와 뒹구르르 몸을 포개고 장난을 쳤다.

아이가 동작과 소리를 적극적으로 따라 하는 시기가 되자 어느 순간 놀이를 하며 많이 썼던 "까꿍"이나 "꼭꼭", "나왔다" 같은 단어를 곧잘 따라 하기 시작했다. 그런 모습을 보며 나는 아이들은 놀며 큰다는 어른들의 말을 실감했다. 하루는 이불 속에 몸을 숨긴 아이가 말했다.

"포든해."

"응? 뭐라고?"

"이거, 포든. 포든."

"아! 이불이 포든해? 맞아 폭신폭신하고, 보송보송해. 그래서 엄마도 정말 포근해. 울 애기 꼬옥 안고 있어서 더 많이 포근해."

'포든해'라니! '포근해'보다 훨씬 귀엽고 또 귀여운 아이의 말이었다. 까꿍 놀이가 아무리 지겨워도 열심히 반응해 준 보람이 있었달까. 아이는 자신이 느낀 감각을 말로 표현하게 되었다.

촉감에 민감한 아이들에게 이불은 엄마 다음으로 포근한 장소일 것이다. 거기에 햇빛에 잘 말라 보송보송하기까지 하면 보드랍고 따뜻하고 편안하다. 꼭 엄마나 아빠가 안아 주는 것처럼 말이다.

엄마의 어휘력

포근하다, 따스하다, 부드럽다, 폭신하다, 보송보송하다, 보들보들하다……. 이런 단어들은 대체로 정답고 편안하다. 특히 아기들에게는 신체뿐 아니라 정서적으로도 안정감을 주는 느낌의 단어들이다.

그래서 나는 아이가 이불 위에서 장난을 할 때나 커다란 인형을 꼬옥 안을 때, 내 품에 볼을 비빌 때나 폭 안길 때 이런 단어들을 하나하나 들려주곤 했다. 지금 느끼는 이 느낌이 너의 안전지대이고, 너와 내가 서로에게 전하는 정서의 감촉이라는 걸 알려 주기 위해서 말이다. 반복적으로 들어온 그 단어를 아이는 완벽한 발음은 아니었지만 정확한 순간 뱉어냈다. 포근이면 어떻고 또 포든이면 어떠할까. 우리가 느끼는 이 감각을 서로 나누는 게 중요하지. 나는 "포든해."라는 아이의 말을 오래오래 기억하고 싶다. 아이 역시 이 말과 느낌을 마음속에 오래 담아 두었으면 좋겠다.

우리말 중에 '솜털씨앗'이라는 말이 있다. 바람에 잘 날아가기 위해 솜털로 싸여 있는 씨앗인데, 나는 이 단어가 폭신한 감촉을 좋아하는 아이의 모습 같아서 참 좋다. 솜털 덕분에 멀리멀리 날아가 알맞은 곳에서 싹을 틔우고 꽃을 피우는 씨앗처럼 아이 역시 포근한 엄마 품에서 정서적 에너지를 양껏 충전하고 그 힘으로 힘껏 세상을 향해 날아간다. 그러니 더 많이, 더 힘껏 안아 줘야겠다. 자신감을 가지고 모험을 떠날 수 있도록 말이다.

참고로 숨바꼭질에서 절대 빠져서는 안 될 필수 요소, 전 국민이 다 아는 그 전래 동요 〈꼭꼭 숨어라, 머리카락 보인다〉를 좀 더 다양하고 재미있게 부르는 노랫말이 있어 소개한다.

꼼-꼼- 숨겨라.
꼼-꼼- 찾어라.
벼룩이가 물어도 꼼짝 말어라.
빈대가 물어도 꼼짝 말어라.
이가 물어도 꼼짝 말어라.

함북 성진 지역에서 전해 내려오는 숨바꼭질 노랫말이다. 요즘 아이들은 벼룩이나 빈대, 이가 익숙지 않으니 아이에게 익숙한 동물 이름으로 바꿔 불러도 좋을 것 같다. 경북 안동 지역에서는 아래와 같은 노래가 전해 내려온다.

꼭꼭 숨어라. 꼭꼭 숨어라.
장독 뒤에 숨어라. 꼭꼭 숨어라.
내 뒤에 숨어라. 꼭꼭 숨어라.
뒤에 숨어라. 꼭꼭 숨어라.
머리카락 보인다. 꼭꼭 숨어라.

어디에 숨을지를 안내하는 노랫말이니 아이가 잘 숨는 우리

엄마의 어휘력

집 장소를 노랫말에 넣어 불러도 재미있겠다(앞의 두 전래 동요는 〈한국민속대백과사전〉에서 인용했다).

국립국악원에서 엮은 노랫말도 재미있다.

꼭꼭 숨어라. 꼭꼭 숨어라.
텃밭에도 안 된다. 상추 씨앗 밟는다.
꽃밭에도 안 된다. 꽃 모종을 밟는다.
울타리도 안 된다. 호박순을 밟는다.
꼭꼭 숨어라. 꼭꼭 숨어라.
종종머리 찾았네. 장독대에 숨었네.
까까머리 찾았네. 방앗간에 숨었네.
빨간 댕기 찾았네. 기둥 뒤에 숨었네.

이 역시 아이에게 익숙한 장소나 아이의 모습으로 노랫말을 바꾸어 불러 보자.

내 사랑 뿌뿌

케빈 헹크스 글·그림, 이경혜 옮김, 비룡소

아이들은 주 애착 대상과의 분리 상황에서 불안감을 느끼는데 이때 포근한 촉감의 물건에서 심리적 안정을 얻으려고 한다. 『내 사랑 뿌뿌』의 주인공 오웬에게도 절대 헤어질 수 없는 뿌뿌라는 애착 담요가 있다. 옆집에 사는 족제비 아주머니는 늘 뿌뿌와 함께하는 오웬을 못마땅하게 바라보며 오웬의 엄마에게 다양한 분리 방법을 알려 준다. 애착 물건과의 분리를 원하는 부모와 원치 않는 아이 사이의 갈등을 지혜롭게 해결하는 모습까지 잘 그려져 있다. 결국 아이에겐 따뜻한 엄마의 사랑이 제일이라는 사실도 말이다!

어휘력을 키워 주는 그림책 속 한 문장

"자, 이걸로 눈물을 닦으렴. 이걸론 코를 풀고……."
아이의 애착 물건을 억지로 분리하려고만 했다면 오웬 엄마의 말을 귀담아 들을 필요가 있다. 헤진 담요를 자르고 실로 박아 아이가 늘 가지고 다닐 수 있는 손수건으로 재탄생시킨 엄마는 아이에게 언제나 뿌뿌와 함께 있을 수 있다며 아이를 안심시킨다. "만세! 만세! 엄마가 최고야!"라고 외치는 아이의 모습에서 아이가 원하는 건, 자신의 모습을 있는 그대로 사랑하고 이해하는 엄마의 사랑이라는 걸 확인할 수 있다.

『내 사랑 뿌뿌』는 엄마가 아이의 마음을 이해하는 데 도움이 되는 책으로 이야기 전개나 글의 분량은 18개월 이하인 아이가 이해하기에는 다소 어렵다. 지금은 엄마가 먼저 보고, 아이가 네다섯 살쯤 되어 애착 인형과 헤어지기 싫어할 때 이 책을 함께 보면 좋겠다.

18개월 이하 아이와 함께 보기 좋은 케빈 행크스의 책으로는 『코끼리 행진』과 『아기 토끼 하양이는 궁금해!』를 추천한다. 케빈 행크스는 아동의 발달 과정을 그림책 속에 아주 자연스럽게 녹여 내는 작가다. 부모를 위한 육아 팁을 상당히 많이 얻을 수 있으니 관심 있게 살펴보면 도움이 된다.

의성어, 의태어로 더욱 신나는
✧ 부모 아이 애착 놀이 ✧

아이의 신체 발달에서 놀이는 절대 빼놓을 수 없는 중요한 역할을 한다. 아기들은 태내에서부터 다리를 꼼지락거리고, 발을 쿵쿵 차고, 손가락을 쪽쪽 빠는 등 신체 놀이를 연습하며 순수한 즐거움을 느낀다고 한다. 엄마와 아이가 함께하는 놀이 시간은 아기에게 즐거움을 줄 뿐 아니라 모방을 통한 건강한 발달을 함께 선물한다. 그러니 아기와 눈을 맞추고 아기를 배려하며 따뜻하고 즐거운 신체 놀이 시간을 가져 보자.

• 달강달강 : 아이와 마주 보고 앉거나 서서 아이의 팔을 잡고 몸을 앞뒤로 흔들어 줄 때 내는 감탄사로 아이를 어르는 말이다. 달강달강 흔들다가 아이를 두 팔로 꼭 안고 흔들어 주는 식으로 자세를 바꿔 보자.

• 달가닥달가닥 : 단단한 물건이 맞부딪치는 소리, 말발굽 소리를 표현할 때도 많이 사용한다. 말타기 놀이는 아이들이 매우 좋아하는 대근육 운동 중 하나다. 아이를 아빠나 엄마 무릎 위에 앉힌 뒤 두 팔로 가슴을 감싼다. 다리를 위아래로 움직이며 달가닥달가닥 소리를 낸다. 아기가 떨어지지 않도록 조심하며 움직이는 속도에 변화를 준다.

• 둥개둥개 : 아이를 안고 아래위로 올렸다 내렸다 하면서 아이를 어를 때 내는 소리다. "둥개둥개 누구야!" 하는 식으로 아이 이름을 넣어 장단에 맞춰 부른다. "아빠 배를 타고 바다를 건너자!" 하는 식으로 이야기를 넣어 움직여도 재미있다.

• 살랑살랑 : 조금 차가운 바람이 가볍게 부는 모양이다. 부드러운 천을 흔들어 살랑살랑 바람을 일으킨다. 작은 천보다는 크고 얇은 천을 이용해 아기가 부드러운 천의 감촉과 바람의 느낌을 피부로 느끼도록 한다.

• 실룩샐룩 : 근육의 한 부분이 한쪽으로 배뚤어지거나 기울어졌다 하며 움직이는 모양이다. 엉덩이를 실룩샐룩하며 아이와 엉덩이 뽀뽀를 해 보자. 강신욱 작사, 이신욱 작곡의 〈깡깡총체조〉 노랫말에 맞춰 손과 발, 허리 체조도 해 보자.

동물들의 특징을 표현하는 의성어 및 의태어와 함께 동물의 모습을 몸으로 표현하는 놀이도 언어를 배우기 시작하는 아이에게는 재미난 놀이가 된다. 흉내 내기 놀이는 아이의 적극적 언어 탐색을 돕는다.

• **펄럭펄럭** : 두 팔을 벌려 위아래로 날갯짓을 하듯 움직이며 나비 흉내를 낸다. 새가 될 수도 있고 잠자리가 될 수도 있다. 자유롭게 움직이면 대근육 발달에도 큰 도움이 된다.

• **폴짝폴짝** : 쪼그리고 앉았다가 일어서며 뜀뛰기를 한다. 개구리가 되기도 하고 토끼가 될 수도 있다. 방아깨비나 메뚜기 같은 곤충도 될 수 있다.

• **뿌우뿌우** : 두 손을 꼰 뒤 한 손으로는 코를 잡고 다른 한 손으로는 코끼리 코 흉내를 내자. 코끼리처럼 어기적어기적 걸어 다니며 코끼리 코로 무엇이든 집어 본다.

엄마의 어휘력

아이가 만나는 첫 번째 예술,
✧ 아기 그림책 ✧

갓 태어난 아기를 위해 엄마가 책을 산다. 무슨 책을 살까? 소설책? 과학책? 인문서? 시집? 이런 책들을 사는 경우는 아마 없을 것이다. 대부분의 엄마들이 아기를 위해 '그림책'을 선택한다. 흰색과 검정색으로 나비, 자동차가 그려진 책이나 알록달록한 색깔에 귀여운 동물이나 캐릭터가 그려진 보드북 등에서 시작해 점차 다양한 사물이 등장하고 이야기가 있는 그림책을 아이에게 보여 준다. 가만히 누워 엄마가 보여 주는 책을 말똥말똥 쳐다보던 아이는 어느 순간 스스로 책장을 넘기고 책 귀퉁이를 빨아 보기도 하면서 그림책에 대한 호기심을 표현한다.

이렇듯 대부분의 아기들이 이 세상에 태어나 처음 만나는 책은 바로 그림책이다. 한마디로 그림책은 아기가 처음 만나는 '이야기'이자 '그림'으로, 아이가 경험하는 첫 번째 예술이다.

그렇다면 어떤 내용에 어떤 색과 모양이 담긴 책을 고르면 좋을까? 어떻게 하면 우리 아이의 첫 번째 예술 시간을 풍요롭고 질 좋은 시간으로 만들 수 있을까?

1. 부모의 목소리를 들려주자!

언어나 문자에 대한 이해가 부족한 아기에게 그림책은 읽어 주는 이의 애정을 느끼는 시간이라고 할 수 있다. 자신을 포근하게 안거나 부드러운 미소로 바라보면서 즐겁고 편안한 목소리로 무언가를 이야기하는 부모의 모습. 이것이 바로 아기가 느끼는 그림책이다. 때문에 아기가 무언가를 학습하는 데 목적을 두기보단 아름다운 세상을 보여 주고 즐거운 목소리를 들려주는 데 집중해 보자. 좀 더 특별한 그림책 육아를 시작할 수 있을 것이다.

❖ **부모의 목소리를 들려주기에 참 쉬운 그림책** ❖

잘잘잘 123
이억배 그림, 사계절

이억배 작가가 쓰고 그린 『잘잘잘 123』은 우리나라 사람이라면 누구나 들었고 불렀을 전래 동요 〈잘잘잘〉의 변형된 이야기다. 노래가 잘 생각나지 않는다면 먼저 찾아서 들어 보자. 쉽게 멜로디를 익힐 수 있어 그림책의 글을 노래로 바꿔 부르는 데 큰 어려움이 없다. 누가 읽어도 참 쉽고 누가 읽어 줘도 참 재미있는 글이다.
덧붙여 이 책을 아이에게 읽어 줄 때, 숫자를 가르치는 데 큰 의미를 두지 않았으면 좋겠다. 반복되는 리듬과 점점 더 많아지는 등장인물들, 균형과 변화의 조화만으로도 충분히 좋은 그림책이다.

윤석중 시에 홍성지가 그림을 그린 『옹달샘』, 권오순 시에 이준섭이 그림을 그린 『구슬비』도 노래하며 감상하기 좋은 아기 그림책이다.

2. 좋은 그림을 보여 주자!

아기가 처음 만나는 그림책을 고를 때 꼭 생각해야 할 부분은 바로 '그림'이다. 물론 아기가 좋아하고 흥미를 갖는 그림이어야 하는 게 첫 번째 조건이고, 두 번째로는 '질 좋고', '수준 높은' 그림을 보여 주어야 한다. 형태가 심하게 왜곡되거나 자극적인 텔레비전 영상 속 캐릭터가 가득한 그림, 짙고 촌스러운 원색으로만 가득한 그림은 우리 아이 미술 감상의 질을 매우 떨어뜨리는 선택이라고 할 수 있다.

◆　　　　　아티스트가 그린 글자 없는 그림책　　　　　◆

이건 책이 아닙니다
장 줄리앙 글·그림, 키즈엠

『이건 책이 아닙니다』는 세계적으로 활발하게 활동하는 일러스트레이터이자 그래픽 디자이너, 팝 아티스트인 장 줄리앙의 글자 없는 그림책이다. 장 줄리앙은 감각적이고 현대적인 일러스트로 매우 유명하다. 이 책은 세계적인 작가의 작품을 소장한다는 측면에서도 충분한 가치가 있지만 아이들과 이 책이 만나면 그 진가가 더욱 발휘된다. 책 제목에서 드러나듯 이 책은 단순한 책이 아니다. 책이라는 형태만 가지고 있을 뿐, 무엇으로든 변할 수 있는 능력을 가졌다. 책을 직각으로 세우면 아이들의 피아노가 되고, 책등이 위로 가도록 세모꼴로 책을 세우면 캠핑장의 텐트가 된다. 노트북이 되었다가 연극 무대가 되기도 하고, 냉장고가 되었다가 공구함으로 변신하기도 한다. 열고 닫는 행위와 사각형이 마주하는 형태를 통해 다양한 상상을 할 수 있도록 하는 책이다. 책이라는 고정관념을 깨버리고 무한한 변신을 통해 무엇이든 상상할 수 있는 즐거움을 선사한다. 아이들이 책과 친해지는 것은 물론, 상징화 놀이를 시작하는 아이들에게 무엇보다 흥미로운 장난감이 된다. 더불어 특별한 설명이나 해석 없이도 즉각적으로 이미지를 이해할 수 있기 때문에 글자 없는 그림책의 첫 시작으로 매우 훌륭하다.

3. 발달 단계에 맞는 그림책으로 아이의 놀이를 확장하자!

많은 아기 그림책에는 그 시기 아이들이 좋아하는 놀이가 담겨 있다. 가령 까꿍 놀이라든가 손장난, 말놀이 같은 것들 말이다. 이는 그림책을 보며 아이들이 자연스럽게 그 놀이들을 따라 하고 또 즐거워하기 때문이다. 더불어 이런 놀이들은 대상 영속성, 소근육 발달, 언어 발달, 시·지각 협응 등 영아기 아이들이 꼭 이루어야 할 발달을 재미있게 할 수 있도록 돕는다. 그림책은 아이들의 발달을 도와주는 즐거운 놀이 선생님이니, 적극적으로 활용하자!

기차가 출발합니다
정호선 글·그림, 창비

일명 '아코디언북'으로 병풍처럼 펼칠 수 있는 형태의 책이다. 책을 쭉 펼쳐서 누워 있는 아기에게 주변을 그림으로 둘러 주고 다양한 형태를 감상하도록 유도할 수 있다. 조금 자라 이것저것 탐색과 놀이를 시작한 아이들은 책을 펼쳐 보고 세워 보면서 책을 자신이 원하는 형태로 만들거나 책 사이를 건너다니기도 하면서 다양한 책 놀이를 할 수 있다. 특히 이 책은 '기차'라는 길고 커다란 소재를 그리고 있기 때문에 병풍 책의 모양새가 그림을 보다 실감나게 만든다.

기차의 앞부분부터 쭉 따라가며 그림 속 동물들에게 인사를 한다든가, 기차 장난감을 가지고 와서 기차역을 만든다거나, 작은 장난감 인형들을 책에 태우는 등 다양한 놀이로 확장하며 그림책을 즐겨 보자. 더불어 섬세하고 완성도 높은 그림은 전시용으로도 손색이 없다.

2
장

하늘만큼 땅만큼 커져라!

아이의 오감을 깨우는 엄마의 어휘력

18~36 개월

아이가 걷기 시작한다. 아이가 말을 하기 시작한다.
온 몸을 사용하여 세상의 모든 것을 마구 흡수하기 시작한다.
바로 지금부터다. 본격적으로 엄마의 말이 곧 아이의 세계를 만든다.

'엄마의 어휘력'이란 아이의 마음과 성장 속도,
아이의 눈높이, 공감 등을 고려한 양육자의 언어다.
엄마가 본 색깔, 맡은 냄새, 들은 소리, 만진 느낌, 먹어 본 맛
그리고 엄마가 느끼는 다양한 감정들.
이 모든 것들이 소리가 되어 아이의 귀에 들어가고
아이는 그것을 자신의 말로 표현한다.
풍요로운 말의 세계가 열린다.

수리수리마수리!
마법사가 되는 관찰의 언어

아이와 함께 집 근처 카페에 갔다. 커다란 유리창 아래로 도로
가 내려다보였다. 아이는 유리창에 바짝 얼굴을 대고 "우와, 차!
차!"를 연발했다. 돌이 지날 무렵부터 아이는 탈 것과 중장비에
푹 빠졌다. 차만 있다면 그곳이 어디든 아이에겐 신나는 놀이터
였다.

"검정색 차가 많네. 우와, 빨강색 자동차도 있다."

유리창에 딱 붙어 있는 아이에게 말을 걸었다. 하지만 아이는
차에 푹 빠진 듯 반응이 없었다.

"저기 파란 버스도 있네. 모자 쓴 택시는 주황색이네."

"간다! 간다! 부릉부릉."

내심 함께 색깔 찾기 놀이를 하면 재미있겠다 싶어 열심히 말을 건넸지만 아이는 통 관심이 없는 듯했다. 내가 무슨 말을 하든 말든 부릉부릉 하며 차 흉내 내는 데에만 집중했다. 그때 빨간 불에 멈춰 섰던 차들이 신호가 바뀌자 동시에 움직였다. 그 모습을 보며 아이가 소리쳤다.

"우아! 간다! 간다!"

이제 알았다! 아이는 서고 가고 하는 자동차의 움직임에 반응하고 있었다. 그러니 아이가 좋아하는 자동차로 색깔 이름을 가르치려는 엄마의 의도를 따라줄 리 만무했던 것이다. 하지만 대견하게도 '가다'라는 동사를 물체의 움직임과 연결하여 외쳤다. 말문이 트인 아이의 어휘 능력은 하루하루 놀랍게 발전해 간다. 아이의 단어들을 수집하는 재미 역시 이 시기 빼놓을 수 없는 엄마의 즐거움이다.

그날 밤, 낮에 있었던 아이와의 일이 계속 생각났다. 아이는 자동차들이 신호에 맞춰 일제히 멈췄다 움직이는 모습에서 유독 반응을 했다. 그 모습을 좀 더 빨리 눈치 채고 "수리수리마수리 움직여라 얍!" 같은 말놀이로 함께 반응해 주었다면 어땠을까? 마치 나의 주문에 맞춰 자동차들이 서고 가고를 반복하는 것처럼 말이다.

어른과 마찬가지로 아이들 역시 자신의 관심사에 반응해 주는 말에 흥미를 느낀다. 일방적으로 상대방을 가르치려 드는 말은 어른에게나 아이에게나 지루할 뿐이다. 아이가 무엇을 보고 있는지, 무슨 말을 하고 있는지, 눈 맞추고 잘 들어주는 것, 이만한 정서적 지지와 배려가 또 어디 있을까.

며칠 후 아이와 다시 카페에 갔다. 이번에도 아이는 자동차를 보자마자 "간다! 간다!" 하며 소리쳤다. 그때 신호등에 노란 불이 켜졌다. 지금이다.

"엄마 마법이다. 수리수리마수리 얍! 자동차야 멈춰라!"

말이 떨어지기 무섭게 빨간 불이 켜지고 자동차들이 멈춰 섰다.

"짜잔!"

아이가 눈을 반짝였다.

"자, 이번엔 자동차들이 움직이는 마법이야. 주문을 반대로 외어야 해. 리수마리수리수 얍! 자동차야 달려라!"

때마침 켜진 초록 불에 자동차들이 움직이기 시작했다. 아이가 조금만 커도 금방 들통 날 마법이지만 그 순간만큼은 엄마가 재미난 말을 술술 내뱉는 마법사가 된 기분이었다. 거기에 서다-가다, 움직이다-멈추다 같은 움직임과 관련한 동사와 반대말까지 효과적으로 알려 준 건 덤이고 말이다.

대화의 시작은 잘 들어주는 것! 일방적으로 엄마의 정보를 아이에게 주입하려 하지 말고 아이가 하는 말에 귀 기울이자. 아이의 말을 잘 못 알아듣더라도 너의 말을 엄마가 정말 열심히 듣고 있다는 사인을 눈빛으로, 맞장구로, 질문으로 보여 주자.

참고로 18개월에서 36개월 사이 아이들의 언어 발달은 아이마다 그 속도와 양이 다르다. 하지만 아이들이 한창 말 연습을 하는 시기라는 점은 같다. 때문에 "수리수리마수리"처럼 소리의 반복과 리듬, 음율이 재미난 말놀이를 통해 아이가 엄마의 말을 듣고 따라 하는 재미를 즐길 수 있도록 도와주면 좋겠다.

이때 놀이와 결합하여 말놀이를 하면 더욱 효과적인데, "두껍아 두껍아 헌집 줄게 새 집 다오." 노래를 부르며 모래 놀이를 하거나 "강강술래 강강술래" 노래를 부르며 함께 빙글빙글 춤을 춰 보자. "덩기덕 쿵더러러러러 쿵기덕 쿵더러러러러" 같은 우리 장단 하나쯤 외워 놓고 소리 나는 것들을 두드리며 연주 놀이를 해도 재미있다. "원숭이 엉덩이는 빨개. 빨간 건 사과, 사과는 맛있어." 같은 말잇기 동요 역시 아이들에게 즐거운 언어 자극이 된다.

◦ 함께 보면 좋은 그림책

그건 내 조끼야
나카에 요시오 글, 우에노 노리코 그림, 박상희 옮김, 비룡소

생쥐가 엄마에게 선물 받은 빨간 조끼를 오리가 한 번 입어 보면서부터 사건이 시작된다. 책장을 넘길 때마다 점점 더 커다란 동물이 나와, "조금 끼나?" 같은 말을 반복하는데 말은 똑같지만

엄마의 어휘력

상황은 점점 걷잡을 수 없을 만큼 심각해진다. 반복되는 문장은 아이들이 쉽게 따라 할 수 있으며 점점 커다래지는 동물들의 크기와 점점 늘어나는 빨간 조끼의 변화를 집중해서 관찰할 수 있다. 마지막 페이지의 유쾌한 결말도 놓치지 말자.

어휘력을 키워 주는 그림책 속 한 문장
"조금 끼나?"
조금은 민망한 듯, 미안한 듯, 고개를 갸우뚱거리며 "조금 끼나?" 하고 말해 보자. 동물에 따라 목소리의 톤과 크기를 달리하는 것도 재미있다. 반복되는 말은 자연스레 아이의 모방을 이끈다.

아이와 재미있게 그림책을 보는 팁
말하기 연습을 시작한 아이들은 단순한 문장이 반복적으로 등장해 상황을 이해하고 따라 말하기 쉬우면서 동시에 그림을 관찰하는 재미가 있는 『그건 내 조끼야』 같은 구성의 그림책을 무척 좋아한다. 『사과가 쿵』이나 『달님 안녕』 같은 그림책 역시 같은 이유로 이 시기 아이들에게 오랜 시간 큰 사랑을 받았다.
더불어 동요와 동시가 여러 편 수록되어 있는 『최승호·방시혁의 말놀이 동요집』이나 『태어나서 세 돌까지 행복한 말놀이』 같은 책도 동요 따라 부르기나 신체 놀이로 활용할 수 있어 함께 추천한다.

꽃구름과 하늘 팔레트,
새로운 색깔을 찾아 주는 엄마의 말

미세먼지가 너무 심해 창문 한 번 마음 놓고 열지 못하는 날들이 내내 계속되다 정말 오랜만에 하늘이 맑은 날이었다. 해가 지기 전에 산책이라도 해야겠다 싶어 아이 손을 이끌고 집 밖으로 나왔다.

"우아! 꽃구름이 활짝 폈다!"

지는 해와 구름이 만들어 내는 색깔과 모양에 마음이 달떠 나도 모르게 짧은 환호성을 질렀다.

"어디?"

"하늘 위에. 저기 저 예쁜 구름이 꽃구름이야."

"우아, 반짝인다!"

찰나의 빛을 놓치지 않고 연신 감탄하는 아이의 눈이 꽃구름 만큼 반짝였다.

이름도 어여쁜 꽃구름은 해질 무렵 여러 빛깔이 아른거리는 색이 예쁜 구름을 일컫는 말이다. 한자로는 채운彩雲, 고운 빛깔 구름이라는 뜻이다.

처음에 아이에게 "꽃구름이다!" 하고 말하면 보통은 모양을 찾기 마련이다. 모양과 이름을 연결시키는 것은 아이들이 가장 많이 하는 이름 짓기 방법 중 하나이기 때문에 당연하다. 하지만 진짜 꽃구름 앞에서 모양은 더 이상 중요하지 않다. 하나의 색으로 단정할 수 없는 꽃구름의 빛깔 앞에서 아이들은 금세 사랑에 빠지니까 말이다.

"하늘 팔레트에 예쁜 색깔 물감이 많이 있네. 엄마가 좋아하는 연한 보라색도 있다!"

슬쩍 색에 더 집중할 수 있도록 유도하자 아이도 얼른 색을 찾는다.

"분홍색!"

"잘 찾네. 이번엔 음, 오렌지 주스 색도 있잖아. 우리 차 색깔도 있네."

이번엔 정식 명칭이 아닌 사물에 빗대어 색을 묘사하자 아이도 금방 이를 활용하여 자기만의 색 이름을 만들어 낸다.

"저기 딸기우유!"

자연의 빛깔을 찾으며 기뻐하는 아이 모습이 마치 인상파 화가 같았다. 화가들이 화실 밖 자연으로 나와 하루 종일 빛을 탐구하며 온갖 색으로 아롱진 자연을 캔버스에 옮겼듯 아이는 자신의 눈과 마음에 색을 담는다. 나는 아이의 그림 속에서도 꽃구름을 만나고 싶다고 생각했다. 흰색 뭉게구름과 회색 먹구름 말고 아롱아롱 꽃구름 핀 하늘 꽃밭 그림을 상상하니 기분이 좋다.

꽃구름을 만난 이후로 아이와 함께 차로 멀리 이동을 할 때 하는 새로운 놀이가 하나 생겼다. 이름하여 '하늘 색 누가 제일 많이 찾나?'인데, 주로 해 질 녘 하늘빛이 아름다운 시간에 많이 한다. 방법은 간단하다. 하늘이 어떤 색인지 찾아 그 색깔을 이야기하는 거다. 가장 색을 많이 찾는 사람이 이기는 게임이다.

번갈아 가며 하나씩 색 이름을 말한다. 파란색. 회색. 보라색. 분홍색. 주황색. 다홍색. 흰색……. 때로는 색 이름을 만들어 내기도 한다. 홍학 색. 홍시 색. 딸기우유 색. 돼지저금통 색. 솜사탕 색…….

색깔과 관련한 우리 말 표현을 알아 두면 놀이는 더욱 풍성해진다. 예를 들어 빨강은 새빨갛다, 벌겋다, 발그레하다, 발그스름하다, 빨긋하다, 벌그데데하다 같은 표현이 있다. 새빨간 자동차 색, 발그레한 아기 볼 색처럼 빨강도 한 가지만 있는 게 아니라는 걸 표현해 주면 아이들은 금세 응용을 한다.

"엄마, 연연연연연하양색!"

아이가 외쳤다. 아마도 아주 연하다는 걸 표현한 듯하다. 참고로 파랑과 관련한 말로는 새파랗다, 파르스름하다, 푸르다, 짙푸르다, 푸르스름하다, 시퍼렇다 등이 있고, 노랑과 관련해서는 연노랑, 개나리 색, 노르스름하다, 노리끼리하다, 샛노랗다, 누렇다 등이 있다. 오늘도 하늘 팔레트엔 색이 가득하다.

○─ 함께 보면 좋은 그림책

세상의 많고 많은 초록들
로라 바카로 시거 글·그림, 김은영 옮김, 다산기획

제목 그대로 세상의 많고 많은 초록들을 보여 주는 그림책이다. 초록이 얼마나 다양한 색인지를 유화 기법으로 그려진 그림을 통해 만날 수 있다. 아이에게 한 가지 색을 깊이 그리고 넓게 탐구하는 경험을 선물한다.

어휘력을 키워 주는 그림책 속 한 문장
"풀 먹는 얼룩말 초록 무늬 갖고파."
우리 주변의 초록색을 관찰하여 묘사한 다른 장면들과 달리 유일하게 '초록이 아닌 사물이 초록색이라면 어떨까?' 하고 마음속으로 상상하여 묘사한 장면이다. 이 부분에서는 우리도 아이와 함께 엉뚱한 상상을 해 보자. 자줏빛 펭귄과 무지개 색 나뭇잎, 검푸른 사과와 황금 달걀처럼 실재하지 않는 것들을 말이다.

후속작으로 출간된 『세상의 많고 많은 파랑들』도 함께 보면 좋다. 이를 응용하여 '세상의 많고 많은 ○○들' 놀이를 해 보자. 많고 많은 노랑들을 찾아볼 수도 있고 색깔 외에 자동차들, 곤충들, 꽃들을 찾을 수도 있다. 이러한 찾기 놀이는 아이가 주변을 집중해서 관찰할 수 있도록 도와준다.

큰센바람과 왕바람,
상상하며 자라게 하는 자연의 힘

아이와 함께 제주에 내려갔다가 태풍을 연이어 세 번이나 맞이한 적이 있다. 제주 태풍 무섭다는 소리는 예전부터 들었지만 그 정도로 사납게 바람이 몰아칠 줄은 정말 상상도 못했다.

"진짜 엄청나다. 큰센바람인가 봐! 모두를 삼켜버릴 거 같아!"

커다란 나무가 바람 빠진 풍선마냥 이리저리 휘청거리는 모습을 보며 내가 말했다. 그러자 아이가 이내 대꾸한다.

"왕바람 중에서도 제일 왕바람이야. 윙윙! 휘익!!"

기상청에서는 13단계로 구분하는 보퍼트 풍력 등급에 우리말로 하나씩 이름을 붙였는데 그중 두 번째로 센 11단계 바람을 가리켜 왕바람이라고 한다. 큰센바람은 나뭇가지가 꺾이는 정도의 센 바람이다. '센바람'보다 더 큰 바람이라는 느낌이 간단하게 설명된다. 가장 강력한 12단계 바람은 싹쓸바람이다. 해상과 육지 모두에서 '모든 걸 싹 쓸어버릴 만큼 강력한 바람의 세기'다. 이 외에도 실바람, 산들바람, 건들바람, 흔들바람, 큰바람 등의 바람들이 있는데 모두 이름만 듣고도 세기와 흔들리는 정도가 연상된다.

아이들은 바람을 촉감으로 느낀다. 내 몸을 간질이는 정도, 내 몸이 추위를 느끼는 정도 등으로 바람의 세기를 가늠한다. 거기에 무언가가 흔들리는 모양을 보거나 바람 소리를 들으며 '눈에 보이진 않지만 무언가가 있구나!' 하고 느끼는 것이다. 바람은 촉감, 시각, 청각 세 가지 감각을 종합적으로 느낄 수 있는 풍성한 감각 매체다.

그런 이유로 "오늘은 바람이 불어."라는 말 앞에 바람 이름을 넣어 주는 것만으로도 문장은 매우 풍성해진다. 이름 한 번 불렀을 뿐인데 그 바람이 어떤 바람인지 뒷이야기가 술술 따라오기 때문이다.

"아~ 산들바람 부니까 기분이 너무 좋다. 저것 좀 봐. 코스모스들도 부드럽게 살랑살랑, 나비 날개처럼 살랑거려."

"오늘은 큰바람이 왔네. 으, 안 날아가려면 엉덩이에 힘을 꽉 주고 걸어야겠어. 윙윙거리는 게 바람이 화가 많이 났나 봐!"

아이에게 오늘은 어떤 바람이 찾아왔는지 이름을 맞춰 보라며 퀴즈도 한번 내 보자.

"자, 오늘도 바람 손님이 찾아왔네요. 소나무가 흔들, 벚나무도 흔들, 단풍나무도 흔들, 남천나무도 흔들, 뽕나무도 흔들! 대체 어떤 바람이 찾아왔기에 모두들 흔들흔들 인사할까요?

"정답! 흔들바람!"

"딩동댕동!"

바람은 어디에서나 분다. 도시에서도, 시골에서도, 아파트 놀이터에서도, 제주도 오름 위에서도 말이다. 아이가 자신의 머리칼을 날리고 볼을 스치는 바람을 느끼며 한 번쯤 자신이 바람을 타고 날아다니는 상상을 했으면 좋겠다. 바람이 어디서 불어와서 어디로 가는지를 궁금해 했으면 좋겠다. 보자기가 펄럭이거나 깃털이 바람에 날리는 모양을 유심히 바라봤으면 좋겠다.

자연은 상상하게 하는 힘을 가졌다. 그리고 아이들은 마땅히 상상하며 자라기 마련이다. 엉뚱한 상상을 하지 않는 유아기야말로 상상하기 힘들다. 요즘 아이들이 하루 종일 건물과 건물 사이를 자동차로만 이동하며 바람이 부는지, 비가 오는지, 햇살이 따사로운지, 안개 속이 축축한지 제 몸으로 느껴보지 못한다는 건, 상상할 일이 그만큼 적어진다는 뜻이다. 하지만 그냥 휙, 지나가기에는 너무 재미있는 바람이다. 아이들이 재미있게 많은 것을 상상했으면 좋겠다.

폭풍우 치는 날의 기적

샘 어셔 글·그림, 이상희 옮김, 주니어RHK

폭풍우가 치는 날, 바람이 휘몰아치는 모습을 보며 아이들은 어떤 상상을 할까? 연과 함께 하늘을 날며 한바탕 신나는 놀이판을 벌이는 아이의 모습에서 자연 현상이 인간에게 얼마나 다채로운 판타지를 만들어 주는지 확인할 수 있다.

어휘력을 키워 주는 그림책 속 한 문장
"윙윙 바람 속에서 나뭇잎 차고 놀래요. 바람 따라 휙 뛰어내리고 붕 뛰어오르고 바람에 떠밀리기도 할래요."
위의 문장을 응용해 아이의 움직임을 엄마의 말로 표현해 보자. 엄마의 관심 어린 시선 속에서 아이들은 더욱 자신 있게 자신의 몸을 움직인다. 그리고 신나게 논다!

아이와 재미있게 그림책을 보는 팁
주인공 아이와 할아버지가 바람에 날아다니며 동물 친구들과 신나게 노는 장면에서는 진짜 바람이 부는 듯 책을 이리저리 흔들어 보자. 또 읽어 주는 엄마도 마치 바람에 날아가는 듯한 몸짓을 해 보자. 몸의 움직임은 이야기 속으로 아이를 더욱 빠져들게 만든다.

줄줄이 개미장,
관찰력을 향상시키는 집중의 말

"오늘 개미장 서는 날이네."

아이와 공원을 산책하다 개미들이 줄지어 지나가는 모습을 발견했다. 바위틈으로 들어가는 걸 보니 그 속에 개미집이 있는 모양이었다.

"개미장?"

"응. 여길 자세히 봐. 개미들이 뭔가를 옮기고 있지. 지금 시장에서 이것저것 사 가지고 집에 가는 길인 거야. 아니다. 물건을 팔러 시장에 가는 길인가?"

아이는 마시던 음료수를 내려놓고 폴짝 의자에서 뛰어내렸다. 그러고는 한껏 몸을 움츠리고 낮은 자세로 개미들의 움직임을 살

퍼보기 시작했다.

"어, 진짜다. 엄마! 개미들이 간식 많이 샀나 봐."

아이가 얼른 와서 엄마도 좀 보라며 손을 흔든다. 덥고 눅눅한 여름날이었지만 우리는 오랫동안 개미들을 보고 또 보았다. 그렇게 개미들은 자기 몸보다도 더 큰 먹이를 나를 수 있다는 사실과 네비게이션의 안내라도 받은 듯 일정 경로로 줄지어 간다는 사실도 발견했다.

개미장은 개미들이 줄줄이 먹이 나르는 모습을 일컫는 우리말이다. 그 모습이 마치 마을에 오일장이 서면 줄지어 장을 보러 가는 것 같다 하여 개미장이 섰다고 말한다. 장마가 오기 전 흔히 볼 수 있는 모습이라 옛 사람들은 개미장이 서면 곧 장마가 올 거라 예측했다.

작은 개미들의 움직임은 사실 주의 깊게 보지 않으면 눈에 잘 띄지 않는다. 아무도 보지 않는 길 한편에 핀 작은 들꽃이나 나뭇잎에 붙은 애벌레처럼 자연의 작은 생명들을 우리는 쉽게 놓친다. 그래서 주변을 좀 더 자세히 그리고 천천히 들여다보고 살필 수 있도록 아이를 집중시키는 엄마의 말이 꼭 필요하다.

인디언들은 아이들에게 땅바닥에 남겨진 동물의 흔적을 찾는 훈련을 시켰다고 한다. 발자국, 똥, 풀이 눌린 모양, 작은 구멍 등 땅에 있는 모든 흔적을 집중해서 찾다 보면 동물의 삶을 자세히 알게 되고, 먹이를 사냥하거나 맹수로부터 몸을 지키는 등 살아

○ 생명들의 움직임은 끊임없이 일어난다.
　　마치 잠시도 가만히 있지 못하고 이리저리
돌아다니며 놀이를 찾는 아이처럼.

가는 데 꼭 필요한 기술도 익힐 수 있기 때문이다.

우리가 인디언처럼 사냥을 할 필요는 없지만 조금만 주의 깊게 주변을 살펴보면 꽤 유의미한 것들을 발견할 수 있다. 우리 조상들이 개미장을 보고 장마 대비를 했던 것처럼 말이다. 자극적이고 극적인 변화가 아니어도 충분히 흥미로운 요소들이 자연 속에는 가득하다. 그 속에서 아이의 감각은 보다 민감하게 발달한다.

아이와 함께 집 근처 공원에 나가서 인디언의 후예처럼 집중 또 집중하여 작은 생명들을 찾아보자. 먹이를 잡기 위해 적당한 때를 기다리다 슬금슬금 움직이는 거미의 사냥 현장, 움질움질 느릿느릿 움직이는 연둣빛 애벌레의 지루하지만 성실한 마라톤 경기, 눈 깜짝할 사이에 이리 휙 저리 휙 움직이면서도 산뜻한 몸짓을 유지하는 나비의 춤 공연을 발견해 보자. 세상은 생각보다 매우 분주하다. 생명들의 움직임은 끊임없이 일어난다. 마치 잠시도 가만히 있지 못하고 이리저리 돌아다니며 놀이를 찾는 아이처럼 말이다.

홀라홀라 추추추

카슨 엘리스 글·그림, 김지은 옮김, 웅진주니어

그림책 작가이자 정원사인 카슨 엘리스는 사람의 말을 빌려 곤충의 이야기를 전하는 것이 아닌 곤충의 말 그대로를 우리에게 들려주는데, 작은 세상에 대한 작가의 시선이 매우 아름답다. 미국의 출판전문잡지 〈퍼블리셔스 위클리〉가 쓴 이 책에 대한 평가가 무척 인상적이다. "사람들은 우리가 보지 못하는 곳의 삶에 대해 무지하다. 이 책은 그곳에 우리의 삶과 비슷한 누군가의 삶이 있다고 말해 준다."

어휘력을 키워 주는 그림책 속 한 문장

"호야, 호?", "앙 째르르.", "이키 찌르릇."

도대체 무슨 말일까? 곤충들의 행동을 자세히 관찰하며 곤충의 말을 해석해 보자. 정확한 뜻을 찾을 필요는 없다. 관찰하고 상상하고 즐거우면 충분하다. 아이와 외계인 역할 놀이를 할 때도 유용하게 사용할 수 있는 이상하고 신비로운 말의 향연이 펼쳐지니 즐겁게 감상하시길!

아이와 재미있게 그림책을 보는 팁

책에는 나만의 『홀라홀라 추추추』 책을 완성해 볼 수 있는 미니북이 들어 있다. 아이가 하는 말을 엄마가 한글로 적어도 좋겠지만 그보다는 아이가 쓰고 싶은 대로(그게 꼭 우리가 아는 글씨 모양

이 아니어도 말이다) 빈 칸을 채워 보도록 하자. 곤충들의 말만큼
이나 이상하고 요상한 지렁이 글씨들이 기어 다니도록 말이다.
정답이 정해져 있는 독후 활동들은 아이가 그림책을 온전히 즐
기는 데 방해가 되는 경우가 많다. 또 뭔가를 잘 완성해서 엄마
를 기쁘게 해야 한다는 부담감을 줄 수도 있다. 엄마는 아이와
그림책을 더욱 잘 보고 싶어 정성껏 준비한 활동들인데 그게 오
히려 아이를 책으로부터 멀어지게 하는 요소가 될 수 있는 것이
다. 그저 아이가 하고 싶다고 할 때, 아이의 주도 아래 놀이나 활
동들이 이루어지면 좋겠다.

우다다다다 달구비,
경험을 이끄는 신나는 말

"엄마, 우리 빗소리 듣자! 조용히 해야 돼."

비를 좋아하는 아빠 덕분에 빗소리를 가만히 듣는 시간을 꽤 여러 번 가졌던 아이는 비만 오면 으레 그 소리를 들어야 한다고 생각한다. 아무리 사소하다 해도 경험이라는 것이 아이의 감수성에 미치는 영향을 이럴 때 확인하곤 한다.

"오늘은 어떤 소리가 나?"

"잘 안 들려."

아이가 실망한 듯 대답했다.

"오늘은 살금살금 가랑비구나."

나는 새끼 고양이가 지나가듯 발꿈치를 들고 살금살금 걸음을 걸었다. 아이는 그 모습이 재미있다는 듯 내 모습을 따라 했다.

"그럼 지난번에 천둥번개 치던 날 기억나? 아빠랑 빗소리 들었던 날. 그날 내린 비는 어떻게 왔게?"

질문이 끝나기가 무섭게 아이가 발을 구르며 외쳤다.

"우다다다다다다 쿵! 쿵! 쿵! 쿵쿵은 천둥이야."

"오! 어떻게 알았어? 그때 내린 비 이름이 다다다다다 달려! 달려! 달구비지롱."

비가 소리가 되고, 모양이 되고, 움직임이 되었다. 그다음 이어질 행동은 단 하나, 비를 맞으러 밖으로 나가는 것이다.

아이가 비 맞기를 두려워하지 않는 건 정말 멋진 일이다. 비 맞는 걸 좋아하는 아이들은 누군가 비를 막아 주거나 젖은 몸을 닦아 주고 옷을 갈아 입혀 줄 거라 기대하지 않는다. 그저 비를 맞으면 여러 기분이 든다는 걸 알기 때문에 비 맞는 걸 두려워하지 않는다. '오늘은 또 어떤 기분이 들까?' 방실방실 웃으며 기대하고 즐거워한다.

사실 비에 옷이 젖으면 축축하고 불편하기 마련이다. 쏟아지는 장대비 속에서는 눈을 제대로 뜰 수도 없다. 하지만 그런 불편함 때문에 '비를 한번 맞아 볼까?' 하는 마음마저 생기지 않는다면 아이는 깨끗하고 편안하고 편리한 것만을 추구하느라 수많은 경험들을 놓칠지 모른다.

가령 시원하게 쏟아지는 빗물에 흐르는 눈물까지 씻겨 내려가는 경험을 할 수 있을까? 높은 산에 올라 도시를 내려다보는 경험이나 깊은 숲 한가운데서 별을 보는 경험을 할 수 있을까? 마른 땅과 축축한 땅, 진흙과 모래의 차이를 책이 아닌 자신의 손으로 기꺼이 느껴 보려 할까? 결국 거시적 시각이 아닌 좁고 지엽적인 시각으로 주변을 바라보지는 않을까?

물론 가랑비나 달구비라는 단어를 알고, 그 차이를 안다고 해서 아이가 넓은 시각으로 다양한 경험을 한다는 말은 아니다. 하지만 가랑비와 달구비를 '몸'으로 느껴 본 아이는 오랜 가뭄 끝의 단비와 뿌연 먼지를 모두 씻겨 내는 장대비, 풀잎에 생기를 주는 이슬비, 무섭게 휘몰아치는 비보라의 느낌도 하나하나 경험하며 자신의 삶 안에서 그 의미들을 생각할 것이다.

게다가 어디 비뿐일까. 겨울이 되면 아이들은 오매불망 눈을 기다린다. 가랑비처럼 가늘고 잘게 내리는 가랑눈이 아니라 굵고 탐스럽게 내리는 함박눈을 말이다. 비보라처럼 바람에 날려 세차게 몰아치는 눈보라, 안개 낀 것처럼 희뿌옇게 내려앉는 눈안개, 눈과 비가 섞여 더욱 스산한 기분을 느끼게 하는 진눈비, 한겨울에 벚꽃이 만발한 듯 나뭇가지에 내려앉은 눈이 마치 꽃처럼 보이는 눈꽃, 밤사이 아무도 모르게 내려 아침이면 모두를 깜짝 놀라게 하는 도둑눈 등 눈 역시 비만큼이나 다채롭다. 이는 곧 보고 만지고 느껴 봐야 할 것들이 가득하다는 말이다.

그러니 비가 오거나 눈이 오는 날이면 "비 오는 데 얼른 집에 가자. 추우니까 서둘러 집에 가자."라고 말하지 말고 아이와 함께 빗속에서, 눈 속에서 신나게 뛰어 놀자.

○─ 함께 보면 좋은 그림책

이렇게 멋진 날
리처드 잭슨 글, 이수지 그림, 이수지 옮김, 비룡소

먹구름이 몰려오는 날, 집 안에서 심심한 하루를 보내던 아이들이 라디오에서 들려오는 음악 소리를 따라 빗속으로 들어간다. 비를 흠뻑 맞으며 춤을 추는 아이들은 뛰고 노래하며 반짝반짝 빛이 난다. 이렇게 멋진 날이라면 어른들도 기꺼이 아이와 함께 비를 맞고 싶어진다!

어휘력을 키워 주는 그림책 속 한 문장
"뱅글뱅글 돌았다가 넓게 한 바퀴 더 빙그르르."
빗속으로 들어가기 전, 아이 손을 잡고 뱅그르르 돌며 주문처럼 외쳐 보자. 온몸을 들썩거리며 깔깔 소리 내어 웃어 보자. 행복이 찾아오는 마법이 시작된다.

아이와 재미있게 그림책을 보는 팁
그림책 속 아이들은 라디오에서 흘러나오는 음악 소리를 따라 몸을 움직이다 자연스럽게 빗속으로 걸어 들어간다. 그림책 속 장면처럼 음악과 함께 그림책을 감상해 보자. 늘 아이가 듣는 동요 말고 엄마가 좋아하는 음악이나 춤추기 좋은 왈츠곡으로 말이다. 책을 다 읽고 난 후에는 음악에 맞춰 아이와 빙그르르르 춤을 추며 좀 더 이야기 속에 머물러도 좋겠다.

비자림 맛 수프,
추억이 쌓이는 맛있는 말

한동안 아이의 주 놀이는 소꿉놀이였다. 집에서도, 집 밖에서도 이런저런 것들을 모아 음식을 만들고 주변 사람들에게 시식을 권했다. 진짜 요리사라도 된 듯 말이다.

"음식 나왔습니다."

아이가 잔뜩 기대에 찬 얼굴로 나를 바라보았다. 어떤 날은 알록달록한 블록, 어떤 날은 색종이, 구슬, 꽃이나 나뭇잎 흙이 들어 있기도 한 아이의 요리를 어떻게 하면 맛있게 맛보는 척(!) 할 수 있을까? 여기서 그냥 "맛있네. 이건 뭐야?"라고 안일하게 반응하면 노랑은 바나나 맛이고 빨강은 딸기 맛이며 보라는 포도 맛인 그저 뻔한 맛이 전부인 재미없는 밥상이 되어 버린다. 당연히 놀이는 김이 세고, 아이는 지루해질 것이다.

오래전 재미있게 읽었던 만화책이 생각났다. 와인 소믈리에를 주인공으로 한 그 만화에서는 와인의 향과 맛을 마치 한 폭의 명화를 감상하듯 시각 이미지로 표현한다. 거기에 맛이 불러일으키는 주인공들의 추억이 더해져 와인을 마셔 보지 않았는데도 그 맛을 생생히 상상할 수 있었다. '맛을 이렇게 표현할 수도 있구나.' 놀라워하며 나는 한동안 그 만화에 푹 빠졌더랬다.

만화책 속 주인공들의 유창한 맛 표현까지는 아니어도 아이와 함께 경험했던 이미지들을 맛 표현에 담아내야겠다고 생각하며 나는 아이의 요리를 기다렸다. 아이가 이번엔 종이컵에 찧어 다진 풀을 잔뜩 넣어 가져왔다.

"와, 오늘은 비 오는 날 비자림 맛 수프네요. 비에 먼지가 모두 씻겨 아주 상쾌했었는데 그때 숲 향기가 떠올라요."

"네. 맞습니다. 열매도 넣었습니다."

아이가 만족한 듯 답했다. 어떤 날은 사랑하는 사람들을 아이의 요리에 소환하기도 했다.

"킁킁, 이것은 부여 할머니 냄새 같아요. 이 재미난 모양의 음식을 보니 하하하 신나게 웃는 부여 할머니가 딱 맞는 거 같네요. 그렇다면 할머니의 요리법을 전수받아 만든 떡볶이인가요?"

그러자 아이 스스로 경험을 꺼내는 경우도 차차 생겨났다.

"자, 맛보세요. 제주도 바다 맛입니다. 짜니까 밥이랑 같이 먹어야 해요. 제가 헤엄치다 먹어 봤는데 엄청 짰습니다."

우리가 함께 보았던 풍경, 듣고 맡았던 감각들이 아이의 요리 속에서 불쑥불쑥 튀어나왔다. 분명 바나나 맛, 딸기 맛보다 더 맛있는 맛이었다.

오래전 "맛은 기억이 주는 선물이다."라는 내용의 칼럼을 읽은 적이 있다. 좋아하는 음식을 반복해서 먹으면 감정이 더해지며 뇌가 그 맛을 기억하게 된다는 것이었다. 음식 맛의 본디 성질은 추억 속에 있는 익숙함이고, 이는 즐거움의 바탕이 된다고 한다.

내가 떡볶이를 유독 좋아하는 이유를 알 것 같았다. 그 안에는 엄마가 있었고 함께 먹던 가족과 친구들이 있었다. 시다, 달다, 짜다, 맵다, 고소하다 혹은 맛이 있다, 없다 등 맛을 표현할 때 쓰는 몇 가지 단어들로는 추억 속 한가운데 놓여 있던 음식의 맛을 설명할 수 없다.

몇 해 전, 차茶 공방에서 아이와 함께 꽃차 시음을 했다. 벽에 진열된 수십 개의 유리병에는 다양한 꽃차들이 담겨 있었다. 우리는 대여섯 종류의 차를 시음했는데 모두 다른 맛이지만 막상 설명하려면 어떤 차이가 있다고 말하기 애매한 비슷비슷한 맛이기도 했다.

"꽃비 내리는 맛, 이끼의 푹신푹신한 맛, 오름 위 바람 맛, 솜사탕 구름 맛……."

아이와 나는 색과 향기, 느낌으로 우리만의 맛 표현을 만들어

냈다. 일상의 경험들이 모여 만든 나와 아이가 함께 기억할 맛 표현이다. 다른 사람들은 고개를 갸우뚱할지 몰라도 그 느낌을 함께 경험한 아이와 나에겐 모두 선명한 맛이었다.

일상에서 수집할 수 있는 또 다른 감각으로 소리 역시 빼놓을 수 없다. 집에서 멀지 않은 슈퍼마켓으로 가는 길, 아이에게 길에서 들리는 여러 소리들을 모아 보자고 이야기했다. 그러자 아이가 물었다.

"소리 산책이야?"

얼마 전 함께 보았던 그림책 『소리 산책』을 떠올린 모양이다. 책은 주인공 아이가 아빠와 함께 산책을 하며 시작한다. 두 사람은 어떤 말도 하지 않고 걸으며 주변의 모든 소리에 귀 기울이는데, 이 시간을 '소리 산책'이라고 부른다.

"맞아. 우리도 소리 산책하는 거야! 엄마랑 같이 소리 많이 찾자."

산책이라는 말 앞에 '소리'를 붙였을 뿐인데, 왠지 대단한 놀이가 된 것 같고 멋진 의식을 치르는 것 같았다. 우리는 손을 잡고 길을 걸으며 두 귀에 온 신경을 집중했다. 서로 말하지 않고 웃지도 않았다. 그렇게 주변의 소리에 귀 기울였다. 그러다 아이가 먼저 침묵을 깼다.

"찾았다! 월월! 무슨 소리일까요?"

"정답! 저기 저 강아지 소리!"

쿵쿵, 콩콩, 또각또각, 따각따각, 통통, 스윽스윽, 자박자박, 타달타달, 터덜터덜, 뚜벅뚜벅, 뽀드득뽀드득, 부릉부릉, 부우웅, 끼익, 쿵, 짤랑짤랑, 덜컹덜컹, 삐요삐요……. 수많은 소리들을 함께 듣고 모으며 우리는 길을 걸었다. 아이와 함께 숲에서 들었던 새소리, 크게 틀어 놓고 몸을 흔들었던 노랫소리, 조용히 귀 기울이다 참지 못하고 밖으로 뛰쳐나간 빗소리. 이 모든 것들이 추억의 맛처럼 추억의 소리가 되겠지 싶다. 아이는 나와 손잡고 걷고 있는 지금을 어떤 맛, 어떤 소리로 기억하게 될까?

○─ 함께 보면 좋은 그림책

할머니의 밥상
고미 타로 글·그림, 고향옥 옮김, 담푸스

할머니와 함께하는 즐거운 요리 시간이다. 커다란 그릇에 밀가루를 소르르 쏟아 붓고 주물럭주물럭 반죽을 하는 할머니의 모습을 바라보는 것만으로도 배가 고파진다. 뻔한 요리가 아니라 상상력을 자극하는 다양한 상황 설정으로 아이들의 즐거움이 배가되는 책이다. 우리 할머니에게도 이런 요리를 해 달라고 부탁하고 싶을 만큼!

어휘력을 키워 주는 그림책 속 한 문장

"가스레인지는 슈우 슈우 슈우, 냉장고는 지잉지잉지잉, 오븐은

지글 지글 지글. 시계는 째각 째각 째각."
당근은 퐁퐁 넣고 레몬즙은 조르르 따른다. 사르르 꽃도 뿌리고 요리를 기다리다 보면 배 속은 꼬륵꼬륵. 다양한 소리로 가득한 요리 현장을 만날 수 있다.

아이와 재미있게 그림책을 보는 팁

『할머니의 밥상』과 『소리 산책』 모두 가족과 함께하는 일상의 소소한 추억이 담겨 있다. 책에 가득 담긴 의성어와 의태어가 더욱 재미난 이유는 산책을 하고 소꿉놀이를 하고 음식을 만드는 소리가 '가족이 함께하는 시간' 속 소리이기 때문이 아닐까? 아이에게 가족과 함께하고 싶은 놀이나 함께 가고 싶은 곳에 대해 물어보자.

송알송알 조롱조롱,
예술 감상을 위한 감각 언어

제주도에는 자연과 미술, 건축을 한 곳에서 감상할 수 있는 미술관이 많다. 그중 김창열 미술관은 아이와 나 모두가 아끼는 공간이다. 제주의 돌과 물이 공간에 잘 스미고, 김창열 화백의 물방울 시리즈가 그 풍경과 무척 잘 어울린다. 그림을 둘러보던 아이가 제목을 물었다.

"음, 〈물방울〉이네. 근데 엄마는 조금 더 재미난 이름을 지어주고 싶어. 모두 다른 물방울인데, 다 똑같은 이름이잖아. 뭐라고 하면 좋을까?"

은근슬쩍 아이에게 새롭게 바라보라며 강요 아닌 강요를 했다. 아이는 대번에 엄마의 의도를 눈치 챘는지 잘 모르겠다고 말했다. 그때 문득 동요 한 구절이 생각났다.

"아! 엄마 좋은 생각났어. 이건 송알송알 물방울이야. 저건 조롱조롱 물방울이고. 어때?"

"좋아!"

물방울의 모양과 생김새를 말하기 쉽고 부르기 쉽게 표현하니 아이도 관심이 가는 모양이었다.

"물방울이 주르르륵 내려온다. 그럼 미끄럼틀 타는 물방울?"

의성어·의태어에 의인화까지 더하니 그림에 더욱 생기가 도는 것 같은 기분이었다. 아이도 뭔가 멋진 이름을 하나 붙이고 싶어 고민하는 눈치였다.

"엄마, 이건 톡 터질 것 같아."

커다란 물방울은 터질지 말지 아슬아슬하다며 '아슬아슬 왕물방울'이란 제목을 지어 주었다.

아이들이 쉽게 흥미를 가지지 못하는 추상화를 내가 어렸을 적 고무줄 놀이를 하며 많이 불렀던 동요 덕분에 우리만의 창의적인 방법으로 감상을 하다니! 아이와 미술을 감상할 때 필요한 건 미술에 대한 해박한 지식이나 뛰어난 그림 실력이 아니라 동요를 기억해 내는 능력이란 게 참 재미있었다. 그동안 나는 얼마나 딱딱하고 재미없게 그림을 감상했던 걸까? 새로운 것을 재미나게 즐기기 위해서는 말랑말랑한 동심이 필요하다는 걸, 아이처럼 보면 무엇이든 즐겁다는 걸 다시 한 번 깨닫는다.

김창열 미술관 바로 옆에는 제주 현대미술관이 있다. 바로 붙어서 두 곳은 늘 함께 가는 코스가 된다. 추상화나 설치미술이 많이 전시되어 있는데, 우리는 그곳으로 자연스레 걸음을 옮겼다. 현대 예술의 의미를 아이에게 설명하는 건 미술 전공자 입장에서도 사실 너무 어려운 일이다.

그래서 더욱 아이의 직관적인 감상이 중요한 것 같다. 뜻을 이해하려 애쓰기보다는 첫눈에 받은 느낌을 말하고 편안하게 둘러보자. 제목도 어려운 한자어나 모호한 '무제' 대신 아이가 내뱉는 엉뚱한 단어를 붙이기도 하고 연상되는 이미지들을 뜻과 상관없이 나열해 보자. 그림을 보는 방법 역시 마찬가지다. 꼭 똑바로 서서 감상하라는 법은 없지 않을까? 물론 실내에서는 에티켓을 지켜야 하겠지만 야외 조각은 누워서 보거나 뒤로 돌아가 보거나 가능하다면 물구나무를 서도 한번 보았으면 좋겠다. 작가도 발견하지 못한 새로운 시각을 아이들은 분명 느낄 것이다.

단추 출판사에서 출간된 글 없는 그림책 『나의 미술관』에는 자기만의 방법으로 예술을 감상하는 아이가 등장한다. 다르게 보면 더 많은 아름다움을 발견할 수 있다는 걸 재치 있게 보여 주는데, 꼭 한 번 책 속의 아이와 같은 방법으로 미술을 관람해 보고 싶다. 미술관에서 "우리 허리를 숙이고 다리 가랑이 사이로 그림을 감상해 보면 어때? 어떻게 보일까?" 하고 아이에게 말할 수 있는 용기가 생기기를 바랄 뿐이다.

박물관이나 미술관에서 초등학생 아이들이 수첩을 들고 어려운 문장으로 쓰인 작품의 제목과 설명을 그대로 옮겨 적는 모습을 종종 보곤 한다. 그림은 보지 않고 오디오에만 귀를 기울이고 있는 어른들도 자주 본다. 그러나 작품명보다 더 중요한 건 아이의 감상이다. 그 감상을 엄마와 함께 재미있는 의성어·의태어, 감각 언어들로 풀어 나가면 좋겠다.

○ 함께 보면 좋은 그림책

난 세상에서 가장 대단한 예술가

마르타 알테스 글·그림, 노은정 옮김, 사파리

엉뚱하면서도 재치 있게 그리고 무엇보다 솔직하게 자신의 느낌과 감정을 다양한 방법으로 표현하는 진짜 예술가를 만날 수 있는 그림책이다. 아이가 주변의 사물을 이용해 표현하는 다양한 예술 작품들은 (물론 엄마의 눈에는 예술로 보이지 않겠지만) 그 어떤 명화보다도 상상력이 풍부하다. 감상에서 나아가 창작이 하고 싶어지는 그야말로 창의력이 샘솟는 그림책이다.

어휘력을 키워 주는 그림책 속 한 문장

"내 눈에는 외톨이 당근으로 보이는데 엄마 눈에는 편식으로 보인대요."

이런 표현이라면 아이가 남긴 당근 한 조각쯤은 눈감고 넘어가 줄 수 있을 것 같다. '겨울 속에 핀 봄'이나 '세상으로 통하는 문'

같은 표현도 눈여겨보자. 현대 미술을 감상할 때 재미난 이름 짓기 힌트가 충분히 될 것 같다.

아이와 재미있게 그림책을 보는 팁

『난 세상에서 가장 대단한 예술가』를 보고 한 엄마가 "우리 애가 이런 장난을 따라 하기라도 하면 어떡하나요?"라고 물었던 적이 있다. 이에 대해서는 너무 걱정하지 않았으면 한다. 그림책 속 장면들을 아이들이 무작정 모방하진 않는다. 책 속의 이야기에 대리 만족을 느끼고 카타르시스를 느끼지만 그게 현실에선 가능하지 않다는 것쯤은 우리 아이들이 누구보다 더 잘 알기 때문이다. 그래서 온 집안을 쑥대밭으로 만들어 놓은 마지막 장면에서 아이들은 선 감탄 후, 조용히 속삭인다. "근데 이거 좀 심한 거 아닌가?"라고 말이다.

안녕, 찬바람머리!
자연에서 배우는 신기한 계절 언어

분명 며칠 전만 해도 쨍쨍한 여름이었는데 며칠 사이 피부에 닿는 계절의 느낌이 달라졌다. 에어컨 대신 창문을 활짝 열었다. 서늘한 바람이 집 안으로 들어왔다.

"우리 인사하자!"

뜬금없는 엄마의 제안에 아이가 어리둥절해 했다.

"누구?"

"찬바람머리!"

찬바람머리는 아침저녁 갑자기 싸늘한 바람이 불기 시작하는 가을 무렵을 뜻하는 우리말이다. 알록달록 단풍으로 온 세상이 물들고 잘 익은 과일과 곡식으로 풍요로운 가을치고는 어째 차가운 느낌이 드는 이름이다. 가을이 오면 곧 겨울도 올 테니, 부지런히 겨울 날 준비를 해야 했던 옛 사람들의 마음이지 않았을까.

찬바람머리가 누구냐는 아이의 물음에 나는 얼른 이야기 하나를 지어냈다.

"뜨끈뜨끈 무더위에 힘을 거의 다 쓴 여름이 힘없이 축 늘어져 있자, 찬바람머리가 쓰윽 고개를 들었어. '후' 바람을 불며 "여름아 이제 좀 쉬어. 내년에 만나자." 하고 말했지. 찬바람머리가 '후' 하고 바람을 불자 감나무가 말해. "아이, 시원해." 기분이 좋으니 열매 맛도 달콤해져. 다시 한 번 '후' 하고 바람을 불자 너른 들판 벼들이 넘실넘실 황금물결을 만들어. 또다시 '후' 하니까 낙엽들이 우수수 떨어지네. 찬바람머리가 누굴까?"

아이는 대단한 수수께끼라도 푸는 냥 제법 진지하다.

"가을!" 하고 외치며 기대하는 눈빛으로 나를 보았다.

"딩동댕동! 그럼 다음 문제. 찬바람머리가 쓰윽 들어와서 휘리릭 꼬리까지 빠져나가면 누가 찾아올까?"

사계절이 분명한 환경에서 살아가는 건 그만큼 우리의 몸으로 느낄 수 있는 환경의 변화가 다양하다는 걸 의미한다. 온도와 습도, 날씨의 변화는 물론, 계절마다 색깔과 냄새, 소리도 다르다. 물론 계절마다 맛볼 수 있는 맛 역시 다양하다. 감각을 통해 다양한 정보를 받아들이고 처리하고 이해하는 지각 능력을 키우기에 사계절은 더없이 좋은 환경이다.

안타깝게도 요즘 우리 아이들은 사람이 만들어 낸 지나치게 많은 자극에 둘러싸여 자신의 감각을 섬세하게 활용할 일이 드물다. 아이들의 감각이 무뎌지는 건 위험한 일이다. 자극적인 미디어와 게임에 자꾸 노출되면 아이들은 그런 것들에만 반응하고 즐거워하기 때문이다. 아이들은 큰 소리와 현란한 색, 과격한 놀이처럼 더 큰 자극만을 찾게 된다.

그러니 더욱 아이들과 계절을 다양한 방법으로 즐기길 추천한다. 꼭 산과 들, 바다로 나가야만 계절을 느낄 수 있는 건 아니다. 아파트 화단이나 주변의 공원에서도 계절의 변화를 발견할 수 있다. 어린이집이나 유치원을 오가는 길에 눈에 띄는 나무 한 그루를 정해 놓고 계절마다 변하는 나무의 모습을 자세히 살펴보자. 꽃이 피고 잎이 무성해지고 단풍이 들고 낙엽이 진다. 잎에 숨겨졌던 나무의 모습이 보이고 꽃눈이 눈에 띈다. 이렇게 딱 나무 한 그루만 보아도 사계절의 변화는 분명하다.

도시건 시골이건 아이들이 자연을 통해 감각을 깨울 수 있는 가장 쉬운 방법은 계절의 변화를 찾아보는 것이다. 이때 '찬바람머리' 같은 표현으로 관심을 유도하면 좋다. 여름과 가을의 온도 차이를 느끼게 하는 표현이면서 동시에 아이들의 머릿속에 계절이 사람이나 요정, 다양한 생명체의 모습으로 살아 숨 쉬게 하기 때문이다. 의인화는 이야기의 시작이 된다.

아이는 "찬바람머리가 꼬리까지 빠져나가고 나면 누가 올까?"

라는 질문에 웃으며 "꽁바람머리."라고 대답했다. 겨울엔 모든 게 꽁꽁 얼기 때문이란다. 아이들과 봄, 여름, 가을, 겨울에게 새로운 이름을 지어 주는 놀이를 해 보자. 나의 상상력 수준에서는 봄의 이름으로 꽃바람머리 정도밖에 생각나지 않지만 아이들은 아마도 더 신선한 이름을 지어 주지 않을까?

○ 함께 보면 좋은 그림책

겨울은 여기에

케빈 헹크스 글, 로라 드론제크 그림, 한성희 옮김, 키즈엠

겨울은 우리 곁에 어떤 모습으로 찾아올까? 눈을 겨울이라 표현하며 집, 나무, 연못, 하늘, 거리 등 우리 주변에 찾아온 겨울을 하나하나 발견할 수 있도록 친절히 안내한다. 그저 계절이 바뀐 것이 아니라 마치 반가운 손님이 살포시 찾아와 행복한 추억을 가득 선물하고 떠나는 느낌이 든다. 겨울이 가고 봄이 오는 마지막 장면은 이 책의 백미! 봄을 데려오는 마중비의 모습도 놓치지 말자.

어휘력을 키워 주는 그림책 속 한 문장

"한낮의 겨울은 하얗게 보여요. 하지만 어두운 겨울밤은 푸르러요."
눈은 정말 하얀색일까? 하얀 낮과 푸르른 밤, 이미지를 연상하면

고개가 끄덕여진다. 계절의 묘사가 매우 감성적인데, 섬세한 관찰력이 돋보이는 장면이 많다. 아이와 함께 겨울의 다른 색들도 찾아보자. 크리스마스트리 덕분에 우리 집의 겨울은 초록과 빨강 그리고 반짝이는 황금색 불빛이었다.

아이와 재미있게 그림책을 보는 팁
책의 후반부에 나오는 비가 내린 뒤 겨울에서 봄으로 계절이 바뀌는 장면이 특히 인상적이다. 빗소리 효과음을 틀어 놓고 아이와 함께 지난 계절에서 지금의 계절로 오면서 무엇이 달라졌는지를 생각해 보자. 눈을 감고 조용히 빗소리를 듣는 것만으로도 좋은 시간이다.

동요와 함께하는
⟡ 자연물 놀이 ⟡

자연 속에서 아이들은 평소 지나치기 쉬운 작은 것들에 눈을 돌린다. 가령 지저귀는 새 소리, 꽃 위의 작은 나비, 땅 위의 작은 애벌레 같은 것들은 빠르게 지나치면 발견할 수 없는 것들이다. 이렇게 아이들은 자연에서 천천히 걷고 자세히 바라보며 자신의 감각을 깨우고 거기서 행복을 느낀다.

또한 아이 스스로의 놀이를 마음껏 할 수 있는 곳 역시 자연이다. 돌멩이를 요리조리 쌓으며 돌탑을 만든다. 나뭇가지로 땅에 그림을 그리고 꽃잎을 모아 예쁜 밥상을 만들어 본다. 아이는 스스로 어떤 놀이가 재미있을지 생각하고 실행한다.

자연 속에 이러한 놀이 재료들이 많은데 굳이 장난감을 이것저것 바꿔 준다거나 부모의 방식대로 놀이를 이끌어 가려 하지 말자. 아이는 생각하거나 탐색할 틈 없이 새로운 자극만 받다가 이내 놀이에 흥미를 잃는다. 아이들은 자기만의 방식대로 놀이를 만들며 자란다는 걸 잊지 말자.

햇볕은 쨍쨍 소꿉놀이

햇볕은 쨍쨍 모래알은 반짝
모래알로 떡 해 놓고 조약돌로 소반 지어
언니 누나 모셔다가 맛있게도 냠냠.
햇볕은 쨍쨍 모래알은 반짝
호미 들고 괭이 메고 뻗어 가는 메를 캐어
엄마 아빠 모셔다가 맛있게도 냠냠.

커다란 나뭇잎은 접시와 그릇이 되고, 모래, 돌, 꽃잎, 풀, 열매 모두 요리의 재료가 될 수 있다. 나뭇가지로 젓가락을 만들고 솔잎을 모아 국수도 말아보자. 자세히 관찰하면 모래도 색깔이 무척 다양하다. 소금, 설탕 고춧가루 등 여러 양념이 될 수 있다.

두껍아 모래 놀이

두껍아 두껍아 헌집 줄게 새 집 다오.
두껍아 두껍아 물 길어 오너라 너희 집 지어 줄게.
두껍아 두껍아 너희 집에 불났다 쇠스랑 가지고 뚤레뚤레 오너라.

모래사장이나 모래 놀이터에 가면 플라스틱 모래 놀이 도구를 이용해 노는 아이들을 흔히 볼 수 있다. 굳이 비싼 장난감이 없어도 주변의 돌멩이나 나뭇가지, 또 맨손을 이용해서 얼마든지 모래 놀이를 할 수 있다. "내 손은 힘이 센 굴착기, 내 손은 튼튼한 불도저." 하며 아이의 손을 중장비로 바꿔 주자. 비록 손톱 밑은 까매지더라도 자연의 촉감과 질감을 손으로 느끼며 아이는 마음껏 감각 놀이를 즐기게 된다.

퐁당퐁당 물수제비

> 퐁당퐁당 돌을 던지자.
> 누나 몰래 돌을 던지자.
> 냇물아 퍼져라 널리 널리 퍼져라.
> 건너편에 앉아서 나물을 씻는
> 우리 누나 손등을 간질여 주어라.

잔잔한 물가에 돌을 던져서 퐁당퐁당 튀기는 물수제비는 아이들이 하기엔 조금 어렵지만 아빠나 엄마와 함께 시도해 보면 꽤 재미있는 놀이가 된다. 나뭇잎을 동시에 띄워 누구 나뭇잎이 더 빨리 가나 나뭇잎 배 시합도 해 보자.

엄마의 어휘력

그림책으로 키우는
✧ 생명 감수성 ✧

아이가 세 살 이상이 되면 본격적으로 다양한 소재와 주제를 다룬 그림책을 접한다. 이때 엄마들은 아이의 나이에 꼭 필요한 책이 무엇일까 하는 고민에 빠진다. 지금 이 시기에 꼭 읽어야 하는 그림책이 있는 건 아닌지, 작년보다 좀 더 수준이 높은 그림책을 골라 줘야 하는 건 아닌지 말이다. 그런 이유로 많은 매체에서 '3세가 반드시 봐야 할 그림책 목록', '5세용 창작 그림책'처럼 연령별로 분류하여 그림책을 추천하는 걸 흔히 볼 수 있는데, 사실 이는 그다지 좋은 방법이 아니다.

아이들의 발달 속도는 각자 천차만별이기 때문에 책을 선택할 때는 무엇보다도 우리 아이의 관심과 기질을 최우선으로 생각해야 한다. 예를 들어 같은 세 살이라도 이제 막 간단한 단어를 따라 하기 시작하는 아이가 있는가 하면 문장과 문장을 연결하여 말을 하는 아이도 있다. 같은 다섯 살 아이라도 기승전결이 분명한 이야기 구조를 좋아하는 아이가 있고, 아직 이야기를 파악하는 능력이 덜 발달해 단순한 나열 구조의 이야기에서 재미를 느끼는 아이도 있다. 그러므로 단순히 나이가 아닌 내 아이에게 알맞은 그림책을 고르는 게 가장 중요하다.

거기에 하나 더! 무엇보다 아이들의 건강한 심리와 정서 발달에 도움을 주는 이야기가 담긴 그림책을 고르길 추천한다. 자연을 소재로 한 그림책처럼 말이다.

자연과 그 속에서 살아가는 생명을 소재로 한 그림책이 아이들에게 꼭 필요한 이유는 유아기 시절에 인간과 자연, 생명에 대한 가치관이 형성되기 때문이다. 인간은 지구에 사는 870만 종류의 생물 중 하나일 뿐이다. 인간은 이들과 함께 지구를 공유할 뿐 주인이 아니다. 하지만 인간 중심의 산업화, 도시화된 환경 속에서 아이들이 자연스레 이런 생각을 가지기란 쉽지 않다. 그러므로 우리는 자연의 일부이지, 자연과 분리된 존재가 아니라는 생각을 교육으로서 키워 줘야 한다.

이런 측면에서 그림책은 매우 훌륭한 체험학습 현장이다. 자연이 우리에게 무엇을 주는지 자연 속에서 우리가 어떻게 살아가는지를 다양한 이야기를 통해 보여 주고, 다양한 생명들과 조화롭게 살아가는 모습을 생생히 만날 수 있도록 하기 때문이다. 숲과 바다에서 뛰어노는 아이와 동물 들이 그림책 속 주인공이 되어 봄, 여름, 가을, 겨울 변화하는 자연의 아름다움을 아이의 눈높이에 맞춰 보여 준다. 알에서 깨어난 애벌레가 나비가 되고, 작은 씨앗이 큰 나무가 되는 것처럼 생명이 나름의 방식으로 성장하는 모습들 역시 많은 그림책의 단골 주제다. 이를 통해 아이들은 생명의 가치를 존중하고, 우리가 살고 있는 지구를 소중하게 생각할 수 있다. 그러니 자연이 담긴 그림책 한두 권쯤은 꼭 우리 아이 곁에 두고 자주 펼쳐 볼 수 있도록 도와주자.

엄마의 어휘력

다음은 세 살부터 일곱 살까지 유아기 전 연령 아이들이 모두 재미있게 볼 수 있으면서 생명 감수성 형성에 도움을 주는 그림책이다.

꼬마 농부의 사계절 텃밭 책
카롤린 펠리시에·비르지니 알라지디 글, 엘리자 제앵 그림, 배유선 옮김, 이마주

아이들에게 친숙한 채소와 과일, 꽃을 키우는 방법을 아이 눈높이에 맞게 친절하게 설명하는 정보 그림책이다. 알록달록 귀엽고 세련된 일러스트만으로도 정원과 텃밭을 가꾸고 화분에 식물을 심고 싶은 마음이 든다. 이 책은 꽃가루를 옮겨 주는 꿀벌, 흙을 건강하게 하여 식물이 잘 자라도록 도와주는 지렁이, 씨앗을 옮겨 주는 새 등 자연 속 생명들이 서로를 돕는 모습도 함께 보여 준다. 또 내가 기른 채소로 요리하는 법이나 꽃과 식물로 주변을 아름답게 장식하는 법 등 자연을 통해 우리 일상을 더욱 풍요롭게 하는 방법까지 자세히 알려 준다.

작은 텃밭이나 화분을 이용해 직접 식물을 키울 수 있다는 점을 아이에게 가르치고 실천하도록 도와주자. 이는 생명 감수성 교육에서 매우 중요한 부분이다. 식물을 키우는 과정에서 말하거나 움직이지 못하는 식물 역시 살아 있는 생명이라는 걸 아이 스스로 깨닫게 되기 때문이다. 또한 자연을 통해 우리가 많은 것을 얻고 있음을 이해하면서 자연과 교감하게 된다.

벚꽃 팝콘 / 풀잎 국수 / 낙엽 스낵 / 사탕 트리

백유연 글·그림, 웅진주니어

백유연 작가가 쓰고 그린 네 권의 그림책으로 고라니, 멧돼지, 산토끼, 다람쥐, 들고양이, 곰, 애벌레, 새 등이 숲속에서 함께 살아가는 모습을 그린 그림책이다. 각 권마다 봄, 여름, 가을, 겨울이 배경이 되어 사계절 아름다운 숲의 모습도 함께 만날 수 있다.

작가는 이 시리즈의 첫 번째 책인 『낙엽 스낵』에 "언제부턴가 천덕꾸러기 취급을 받게 된 숲속 친구들이 행복하고 풍요로운 가을을 보냈으면 하는 바람을 담았습니다."라고 밝혔다. 작가의 바람처럼 그림책에 그려진 숲속 친구들은 숲이 주는 풍요로운 선물 속에서 함께 음식을 하고 놀이를 즐긴다. 또 어려운 일이 생기면 서로를 돕고 좋은 것이 있으면 함께 나누며 행복하게 살아간다. 따뜻한 이야기와 더불어 사랑스런 동물 캐릭터들과 아름다운 색깔이 어우러진 기분 좋은 책이다.

이 책을 통해 아이들은 보다 친근하게 숲속의 생명들을 만나게 되고, 자연스레 이들이 살아가는 숲을 아껴야겠다고 생각한다. 자연 속 생명들을 가까이에 사는 내 친구처럼 느끼게 하고 자연에 대한 관심과 호기심을 갖게 하는 것! 그것이 바로 생명 감수성을 키워 주는 그림책의 역할이다.

살랑살랑 봄바람이 인사해요

김은경 글·그림, 시공주니어

촉촉한 여름 숲길을 걸어요

김슬기 글·그림, 시공주니어

울긋불긋 가을 밥상을 차려요

김영혜 글·그림, 시공주니어

겨울 숲 친구들을 만나요

이은선 글·그림, 시공주니어

위의 네 권은 『네버랜드 숲 유치원』 시리즈로, 계절에 따라 변화하는 숲의 모습을 묘사하고 숲에서 할 수 있는 여러 자연 놀이를 소개한다. 숲으

엄마의 어휘력

로 소풍을 가고 탐험을 즐기는 또래 아이들의 모습을 재미있게 보여 줌으로써 책을 읽는 아이들 역시 숲에 가서 놀고 싶다는 생각이 들게 만든다. 다양한 동식물과 곤충의 모습들도 잘 묘사하고 있어 교육 자료로도 무척 유용하다. 아이와 함께 숲에 가서 무얼 보고 어떤 놀이를 해야 할지 잘 모르겠다면 이 책을 잘 활용해 보도록 하자.

3
장

"왜?"라고 묻는 아이에게!

아이의 상상력을 길러 주는 엄마의 어휘력

3~5세

아이가 '문장'으로 말하기 시작했다.

그 말은 곧 아이의 수많은 질문이 시작될 차례가 왔다는 의미다.

눈앞의 세상이 궁금해 자신의 감각으로 직접 보고, 만지고, 맛보며

세상을 알아가던 아이는 이제 보이지 않는 세상이 궁금하다.

아이는 머릿속에 그려지는 수많은 상상을

언어로, 그림으로, 몸짓으로, 노래로 표현한다.

그렇게 자기만의 세상을 펼치며 위대한 예술가가 된다.

이 세상에 상상하지 않는 아이는 없다.

상상은 유아기 아이들의 특권이자 특기이며, 전부다.

"엄마, 나무는 왜 나무야?"
사물의 이름으로 세계를 만드는 아이들

숲 체험을 다녀온 아이 옷에 짙은 보라색 얼룩이 잔뜩 묻어 있었다. 무엇이냐 물으니 아이는 선생님이랑 열매를 따 먹었는데 옷이 더러워졌다고 했다.

"오디구나. 뽕나무 열매."

"뽕나무? 크크. 엄마, 뽕나무는 왜 뽕나무야?"

또 나왔다. 하루에 열두 번도 더 하는 공포의 질문. 세상 모든 것의 이름이 왜 그 이름인지 아이는 묻고 또 물어 댄다.

"그건 말이지. 뽕나무가 조금 부끄러워할 수도 있는데, 꼭 들어야겠어?"

아이가 궁금해 죽겠다는 듯 고개를 크게 끄덕였다.

"비밀이야. 뽕나무는 방귀쟁이거든. 맨날맨날 뽕뽕뽕! 열매가 열린 만큼 방귀를 뀌어. 그래서 뽕나무지."

워낙 똥, 방귀, 오줌 같은 더럽고도 친근한 것들 이야기에 꺄르르 배를 잡는 나이인지라, 방귀쟁이 한마디에 아이 눈이 동그래진다. 나는 얼른 음원 사이트에서 동요 〈방귀쟁이 뽕나무〉를 검색해 아이에게 들려줬다.

"뽕나무가 방귀를 뽕 뀌어 대나무가 대끼놈! 하니까 참나무가 참아라 그랬대."

나무 이름에 이토록 완벽한 스토리와 라임이라니. 덕분에 아이는 대나무와 참나무 이름에 담긴 재미난 뜻까지 이해할 수 있었다.

사실 나는 뽕나무가 왜 뽕나무라 불리는지 그 이유를 모른다. 아이가 물어보는 대부분의 질문들 역시 마찬가지다. 처음엔 주변의 모든 것들을 가리키며 "이거 뭐야?"라고 묻던 아이가 어느 날인가 갑자기 "물은 왜 물이야?" 하고 물은 적이 있다. 전혀 예상치 못한 질문에 나는 뭐라 대답해야 할지 몰라 당황하며 "원래 그런 거야."라고 말하기도 했다.

말을 할 줄 알게 된 순간부터 아이는 끊임없이 질문하며 세상을 배워 나가는 것 같다. 주변의 사물과 존재들이 무엇인지를 알고 싶어 하고, 그것들의 의미와 이치를 궁금해 한다. 때문에 '원래 그런 것'이라는 대답은 아이의 호기심을 전혀 충족시키지 못한다. 또다시 궁금할 뿐이다. 왜?

그러니 이왕이면 또 다른 호기심을 유발할 답변을 아이에게 들려주면 어떨까? 정말 뽕나무가 방귀를 많이 뀌어 뽕나무라 불릴 리 있겠는가. 하지만 그 말을 계기로 아이는 좀 더 많은 나무에 관심을 가지게 되었다. 아이가 조금 더 나이를 먹어 지식적인 측면에서 호기심을 보이고 이를 물어온다면 물론 다른 대답을 해야 할 것이다. 하지만 아직 상상의 세계에서 신나게 놀고 싶어 한다면 그에 맞는 유쾌한 답변을 해 주자. 아이의 어휘력을 향상시키는 효과적인 말놀이도 되고, 주변이 재미난 것들로 더욱 가득해진다.

참고로 나무나 꽃, 풀 등 식물의 이름을 조금만 유심히 살펴보면 아이와 재미난 말놀이로 쓸 소재들이 가득하다. 공원이나 숲을 산책할 때 수수께끼 놀이를 하며 함께 식물을 찾아봐도 재미있다. 예를 들어 하루 종일 깜깜해, 깜깜해, 투덜거리는 나무는 뭘까? 바로 밤나무다. 사람들이 저금을 하도 많이 해 노란 동전이 가득가득 열리는 나무는 은행나무고, 방울은 방울인데 소리가 안 나는 방울은 솔방울이다.

다음은 충북 지역에서 전해 내려오는 동요 〈나물 노래〉다. 이 노래만 잘 외워 두어도 수수께끼 놀이는 걱정 없다.

꼬불꼬불 고사리

이산저산 넘나물

말랑말랑 말냉이

잡아 뜯어 꽃다지

바귀바귀 씀바귀

매끈매끈 기름나물

가자가자 갓나무

오자오자 옻나무

말랑말랑 말냉이

잡아 뜯어 꽃다지

배가 아파 배나무

따끔따끔 가시나무

〈출처: 서울우리소리박물관〉

바람 솔솔 소나무나 십 리 절반 오리나무, 달 가운데 계수나무 등도 민요와 전래 동요에서 흔히 찾아볼 수 있는 재미난 말놀이다.

엄마의 어휘력

아빠 나한테 물어봐

버나드 와버 글, 이수지 그림, 이수지 옮김, 비룡소

현실에선 아이가 끊임없이 묻지만 그림책에서는 반대로 아빠가 끊임없이 묻고 아이가 대답을 한다. 물론 질문은 정해져 있다. 아이가 시키는 대로 하기만 하면 된다.

자기가 보고 느낀 것을 아빠에게 알려 주려는 아이의 마음이 너무나 사랑스럽다. 아이의 끊임없는 요청에도 귀찮아하지 않고 다양한 방식으로 반응해 주는 아빠의 태도도 놓치지 말자.

어휘력을 키워 주는 그림책 속 한 문장

"반딧불이?"

"아니, 반짝벌레."

아이가 자신은 반짝벌레를 좋아한다고 하니 아빠는 자연스럽게 "반딧불이?" 하고 묻는다. 그러자 아이는 단호하게 말한다. "아니, 반짝벌레."라고 말이다. 아이의 자기 표현을 굳이 정확한 이름으로 바로잡아 줄 필요는 없다. 아이가 반딧불이를 반짝벌레라고 부르는 건 딱 이 시기뿐이다. 학교에 들어갈 나이가 되면 아쉽게도 더 이상 이런 귀엽고 앙증맞은 표현을 우기지 않는다. 들을 수 있을 때 많이 들어 두자.

아이와 재미있게 그림책을 보는 팁

이 그림책을 힌트로 아이와 대화를 이어나가고 싶다면 아이에게

"○○아, 엄마한테 물어봐." 혹은 "아빠한테 물어봐." 하며 엄마, 아빠가 좋아하는 것들을 먼저 이야기하면 좋겠다. 엄마의 이야기를 가만히 듣고만 있을 아이들이 아니다. 어느 순간 "엄마, 이번엔 나한테 물어봐. 내가 좋아하는 건……." 하며 자신의 이야기를 술술 풀어내는 아이를 발견할 수 있다.

"엄마, 사람은 왜 못 날아?"
자신의 가능성을 발견하는 아이들

집 근처 생태공원을 산책하다가 철새 무리를 발견했다. 강에서 먹이를 잡으며 놀다가 갑자기 공중으로 날아오르더니 대형을 이루며 비행했다. 그야말로 장관이었다. 아이도 박수를 치며 좋아했다.

"우아! 비행기 같다. 엄마, 멋지지?"

"응. 진짜 멋지다!"

"엄마! 근데 사람은 왜 날개가 없어? 나도 날고 싶어."

아이는 요즘 인간의 능력을 시험하는 연구자 같다. 세상을 향한 호기심이 커질수록 자신에 대한 탐구 역시 게을리 하지 않는다. 나는 왜 눈이 두 개인지, 내 머리카락은 왜 자라는지, 배꼽은 왜 있으며, 발가락은 왜 열 개인지. 머리끝부터 발끝까지 자신의 모든 것을 호기심 어린 눈으로 탐색한다.

나는 자신과 관련한 아이의 질문들이 무척 반갑다. 눈에 보이는 신체에서 시작해, 신체의 쓰임과 기능, 마음, 생각, 자신의 미래와 가능성까지. 자신을 향한 질문들이 점점 넓어지고 깊어지며 아이는 어른이 될 것이다. 나 역시 그런 질문들에 스스로 답을 하며 어른이 되었다.

하지만 가끔 아이의 질문에 대답을 하다 보면 어른들은 나에 대한 질문들을 많이 잊고 사는구나 싶다. 그래서 "왜 나는 못 날아?"처럼 어른이 되어서는 한 번도 궁금해 하지 않았던 질문들에 아이 못지않게 진지하게 생각하고 고민해 본다. 나 역시 "왜 그럴까?" 하는 호기심으로 나를 바라보게 되는 것이다.

왜 날지 못하느냐는 질문에는 뭐라고 대답해 줄까, 잠시 고민을 하다가 너무 잘 걸어서 날 필요가 없다고 이야기해 주었다.

"사람은 새들보다 진짜 여러 가지 방법으로 잘 걸어. 그래서 날지 못하는 거야. 잘 걷는데 잘 날기까지 하면 불공평하잖아. 새가 잘하는 것도 하나 남겨 둬야지."

"어떻게 잘 걷는데?"

"자, 엄마가 얼마나 잘 걷는지 볼래? 먼저 발끝을 세우고 살금살금. 이번엔 몸을 흔들면서 뒤뚱뒤뚱. 다리를 이렇게 높이 들었다 내리면서 경중경중. 또 호랑이처럼 어슬렁어슬렁 혹은 사슴처럼 사뿐사뿐 동물 흉내를 내며 걸을 수도 있지."

나는 아이가 좋아하는 동물에 빗대어 몸을 이리저리 움직이며 걸었다. 이럴 때면 우리말에 의성어·의태어가 다양해서 정말 즐겁다. 동작 표현이 더욱 풍성해지니 말이다. 아이는 단박에 응용을 했다.

"토끼처럼 깡총깡총! 거북이처럼 엉금엉금! 맞지 엄마? 팔을 아주 빨리 퍼드덕거리면 날개처럼 보이기도 하겠다."

영아기 때부터 줄곧 의성어·의태어를 더해 아이의 신체를 읽어 준 덕분인지 아이는 더욱 다채로워진 자신의 말을 이용해 몸을 움직였다. 날갯짓을 한다며 두 팔을 퍼덕이는 모습이 나비가 나풀나풀 너울춤을 추는 것 같았다. 말과 더불어 몸 역시 아이의 생각과 이야기를 표현하는 아주 자연스런 도구가 된 듯했다.

이 나이대의 아이들은 정말 예술가 같다. 마음껏 그리고 말하고 노래하며 움직인다. 화가이자 작가다. 음악가이자 무용가다. 무엇으로든 자유롭게 자신을 표현할 수 있다. 그 모습이 참 예쁘고 부럽다.

너울춤 이야기가 나온 김에 아이와 춤 놀이를 하기로 했다. "즐겁게 춤을 추다가 그대로 멈춰라!"를 응용하여 만든 놀이인데 "가만히 멈춰 있다가 신나게 춤춰라!" 하고는 춤 이름을 말하면 함께 그 춤을 춰야 한다.

"엄마가 먼저 한다. 가만히 멈춰 있다가 신나게 춤춰라! 엉덩춤!"

아이와 함께 엉덩이를 들썩들썩 움직였다. 톡톡 깨가 튀듯 오두방정을 떨며 추는 깨춤, 어슬렁어슬렁 휘적거리며 추는 사자춤, 제멋대로 마구잡이로 추는 막춤, 발레리나처럼 우아하고 부드럽게 추는 백조춤, 꿀벌과 나비가 꽃을 찾듯 당실대며 추는 나비춤……. 한바탕 신나게 춤을 추고 나니 땀도 나고 웃음도 났다. 이렇게 몸을 신나게 움직이면서 아이가 자신을 탐색해 나갔으면 한다. 누구보다 자기 자신을 잘 알고 사랑하는 아이로 말이다.

○ 함께 보면 좋은 그림책

발레리나 토끼
....
도요후쿠 마키코 글·그림, 김소연 옮김, 천개의바람

오동통한 팔다리와 빨갛게 달아오른 볼, 초롱초롱한 눈망울까지, 발레 선생님을 바라보며 열심히 동작을 따라 하는 아기 토끼의 모습이 귀여운 아이들의 모습 같아 보는 내내 엄마 미소가 떠나지 않는 그림책이다. 설레는 마음으로 즐겁게! 포기하지 않고 좋아하는 일을 해내는 토끼가 그저 대견하고 또 대견하다. 아기 토끼와 함께 체조에 좀 더 가까운 발레를 따라해 보자.

엄마의 어휘력

"토끼 발레단이 발표회를 합니다. 동그란 달님이 뜨는 밤, 숲에서 제일 큰 그루터기로 오세요."

토끼 발레단의 귀여운 초대장 문구를 응용해 우리 집 발표회 초대장을 만들어 보자. 출연자 우리 가족, 연출 우리 가족, 관람객 역시 우리 가족! 동그란 달님이 뜨는 밤, 우리 집에서 가장 폭신한 침대에 모이면 어떨까?

아이와 재미있게 그림책을 보는 팁

그림책과 함께 토끼가 그토록 하고 싶어 했던 발레가 무엇인지 공연을 감상하는 것도 좋다. 어린이용 공연도 좋지만 '호두까기 인형'처럼 이야기가 있고 온 가족이 함께 즐길 수 있는 공연을 추천한다. 아이들 역시 수준 높은 공연을 보았을 때 감탄하고 감동한다.

"엄마는 어디 가고 싶어?"
상상의 나라로 여행을 떠나는 아이들

집 근처에 강이 있고 산이 있다는 건 정말 멋진 일이다. 사시사철 변하는 자연의 모습을 가까이에서 지켜볼 수 있기 때문이다. 하루는 산허리에 구름발이 걸쳐 있고 강에선 물안개가 피어올라 매우 신비로웠다. 얼마 전 아이와 함께 읽었던 그림책 『바다와 하늘이 만나다』의 한 장면이 생각났다.

"와, 정말 멋지다. 오늘이 강과 하늘이 만나는 날인가 봐!"

살짝 응용을 했더니 아이도 그림책의 하이라이트 장면이 생각난 듯했다.

"엄마, 우리 차가 배도 되었다 비행기도 되었다 변신할 수 있으면 우리도 저기 갈 수 있을 텐데."

"저기?"

"응. 강이랑 하늘이 만나는 곳. 나는 너무너무 가고 싶어."

"응. 엄마도 너무너무 가고 싶어. 강과 하늘이 만나는 곳도 가고 싶고, 바다와 하늘이 만나는 곳도 가고 싶어."

"그리고 또? 또 어디 가고 싶어?"

이쯤 되면 아이의 질문에 경주에 가고 싶다거나 프랑스에 가고 싶다는 등 현실 속 공간을 얘기할 순 없다. 아이는 이미 상상의 세계를 여행 중이기 때문이다. 이럴 때 나는 그림책 속의 공간들을 떠올리며 아이와 여행을 한다.

"음, 엄마는 구름바다 가고 싶어. 수영도 하고 구름도 먹어 볼 거야. 바다 맛처럼 짜려나? 너는 어디 가고 싶어?"

"나는 공룡 나라. 파키케팔로도 만나고 브라키오사우르스도 만나고 싶어. 티라노사우르스는 무서우니까 안 만날 거야."

우리는 주거니 받거니 가고 싶은 판타지의 세계를 이야기하며 그림책 속 주인공이라도 된 것처럼 흥분했다.

아이와 자연의 여러 모습을 함께 보는 걸 좋아한다. 달밤 잔잔한 호수를 바라볼 때의 고요함과 한봄 오름에 올랐을 때 청명하게 펼쳐진 풍경, 안개 낀 날 오래된 숲의 뒤엉킨 돌과 이끼, 나무 줄기가 만들어 내는 신비로움…….

도시에서는 느끼기 어려운 다채로운 분위기가 자연 속에는 가득하다. 그리고 이는 상상력의 발원지가 되어 아이들을 상상의 세계로 끌어들인다. 특히 재미있는 신화나 설화가 담긴 자연환경은 아이들을 더욱 흥미롭게 한다. 한 번은 속초로 여행을 갔을 때, 울산바위를 보며 아이가 왜 저기만 다른 산이냐고 물은 적이 있다. 주변은 나무가 많은 익숙한 산의 모습인데 웅장하게 우뚝 솟은 바위산이 조금 낯설게 느껴졌던 모양이다. 나는 과학적 정보 대신 울산바위에 얽힌 전설을 이야기해 주었다.

"옛날 옛적에 산신령이 우리나라에서 제일 멋진 산을 만들겠다고 전국의 멋진 바위들을 불러 모았어. 이름은 금강산이래. 그 소식을 듣고 전국 팔도 이름난 바위들이 모두 금강산으로 향했지. 그중에는 울산에 살던 울산바위도 있었어. 울산바위는 느릿느릿 금강산을 향해 걸음을 옮겼어. 너무 크고 무거워서 겨우 움직일 수 있었거든. 금강산은 왜 이리도 먼지. 울산바위는 너무 힘들었지만 포기하지 않았어. 정말 열심히 길을 걷고 또 걸었어. 그러다 지금 우리 눈에 보이는 저 설악산에 도착했을 때였어. 이를 어째. 안타까운 소식을 듣게 되었어. 글쎄, 금강산에 바위가 모두 모여 금강산이 완성되었다는 거야. 진짜 속상했겠지? 울산바위는 다시 고향으로 돌아가기엔 너무 힘이 들었나 봐. 그래서 그냥 그 자리에 우뚝 서서 오랫동안 살고 있대. 바로 저기서!"

"엄마, 울산바위 가족들도 설악산에 오면 좋겠다. 혼자 있으면 외로우니까."

아이가 말했다. 아마도 자신이 느낀 울산바위의 느낌과 이야기가 절묘하게 맞아떨어졌나 보다.

자연이 이야기가 되고 그 이야기가 또 다른 이야기로 확장된다. 아이와 함께 어딘가를 여행할 때 재미난 설화가 깃든 장소가 있다면 미리 이야기를 알아보자. 특히 독특한 자연환경만으로도 충분히 매력적인 제주도에는 아이들과 이야기 나눌 수 있는 설화들이 많다. 망망한 바다 한가운데에 섬을 만들어 놓고 보니 너무 밋밋하여 섬 중앙에 한라산을 만들었다는 설문대 할망 설화, 용이 되고 싶은 이무기가 한라산 산신령의 옥구슬을 몰래 훔쳐 하늘로 승천하려다가 벌을 받아 바다 위로 머리를 치켜들고 울부짖는 모습의 돌이 되었다는 용두암 전설 등 흥미로운 이야기가 많이 전해 내려온다. 알아 두면 아이와 함께하는 여행이 더욱 즐거워질 것이다.

○ 함께 보면 좋은 그림책

나의 계곡

클로드 퐁티 글·그림, 윤정임 옮김, 비룡소

'투임스'라는 가상의 종족이 사는 아름답고 환상적인 계곡 이곳저곳과 함께 그곳에서 일어나는 신비로운 일들을 그린 그림책이다. 세밀하게 그려진 자연 풍경은 지구 어딘가에 꼭 존재하는 장소 같다는 현실감을 주지만 그 속에서 벌어지는 이야기는 환상 그 자체다.

"별빛 무용수의 숲, 마당의 산허리, 길 잃은 아이의 숲, 상처받은 마음의 숲, 겁쟁이 작은 협곡, 토라진 투임스들의 둑, 깊고 고집스런 만, 되찾은 평정의 길……"

투임스가 사는 계곡 지도에 쓰여진 지명들이다. 어느 것 하나 상상력을 자극하지 않는 이름이 없다. 오래전 『빨간 머리 앤』을 읽으며 에이번리 마을 이곳저곳의 이름이 하나같이 낭만적이지 않다며 새로운 이름을 짓는 앤이 무척 사랑스럽다고 생각했었다. 『나의 계곡』 속 신비로운 지명이나 '새하얀 환희의 길'처럼 앤의 사랑스런 표현력이 돋보이는 이름에서 아이디어를 얻어 아이와 함께 우리 동네 곳곳을 새로운 이름으로 불러 보자.

이 책은 한 페이지마다 투임스 종족이 사는 계곡에서 벌어지는 사건들이 펼쳐진다. 한 번에 다 읽을 수 있는 분량은 아니니 에피소드 하나하나를 그림책 한 권 읽듯 아껴 읽자. 또한 건축 평면도처럼 그려진 투임스 가족의 집과 배 등을 구석구석 살펴보면서 재미난 이야기를 찾을 수도 있다. 글과 더불어 그림 속에 담긴 상상의 이야기가 아주 많으니 그림 읽기에 공을 들이면 더욱 재미있는 책이다. 커다란 판형에 세밀하고 아름답게 펼쳐진 상상의 세계를 아이와 함께 마음껏 감상하자.

"엄마, 왜 눈물이 나는 거야?"
복잡하고 섬세한 감정의 세계

아이는 자라면서 자신이 느끼는 감정을 충실히 느끼고 표현하고자 많은 노력을 한다. 처음에는 '좋아' 아니면 '싫어' 정도의 단순한 표현으로 자신의 마음을 드러냈다면 이제는 좋다는 것을 표현하는 데도 '예쁘다', '아름답다', '편안하다', '웃기다', '행복하다', '사랑한다' 등 왜 좋은지, 어떤 느낌인지, 어떤 감정인지 등을 선택해서 표현하려 한다. 싫다는 감정 역시 마찬가지다. '무섭다', '지루하다', '불편하다', '재미없다', '어렵다', '화난다', '슬프다' 등 그 종류가 다양해졌다. 그렇게 아이는 자신의 마음에 귀 기울이며 다른 사람의 마음도 바라보기 시작했다. 신체적 성장만큼이나 중요한 정서적 성장이 눈에 띄기 시작한 것이다.

하루는 아이와 선현경 작가의 그림책 『이모의 결혼식』을 읽는데 마지막 장면에 "눈에서는 눈물이 흐르고, 입은 웃고 있었죠."라는 문장이 나왔다. 기쁨의 눈물을 묘사한 장면이었는데 아이는 이 장면이 무척 이상했나 보다.

"엄마, 이 누나는 왜 그러는 거야? 왜 우는 거야? 눈물은 왜 나는 거야? 눈 속에 물이 어떻게 있는 거야?"

한 번 터진 질문은 꼬리에 꼬리를 물고 눈물비처럼 쏟아졌다.

"깊은 산 속 옹달샘처럼 우리 눈 깊은 곳에 눈물샘이 있대. 그 눈물샘은 우리 마음과 연결되어 있어서 마음이 가득 차면 눈물이 흐른대."

"어떤 마음?"

"어떤 마음이든 다 괜찮아. 할머니가 보고 싶을 때 생기는 마음, 엄마한테 혼났을 때 생기는 마음, 신나게 놀다가 다쳤을 때 생기는 마음, 진짜진짜 가지고 싶었던 걸 선물 받을 때 생기는 마음, 동생 대신 내가 혼났을 때 생기는 마음, 아! 너무 보고 싶던 할머니를 갑자기 만나게 되었을 때 생기는 마음도, 또 어떤 친구는 배가 고플 때 마음이 눈물을 만들기도 한대."

"그럼, 이 누나는 이모부가 보고 싶었는데 만나게 되어서 생긴 마음이 눈물이 된 거야?"

"그렇지. 이 누나는 그런 거지."

"나는 슬플 때만 나는 건 줄 알았지."

물론 언젠가는 아이도 눈물샘이 옹달샘 같은 샘이 아닌 우리 신체 기관 중 하나이고, 눈물은 눈물샘이 자극을 받았을 때 나오는 분비물이라는 걸 알게 될 것이다. 하지만 지금 아이에게 들려주고 싶은 이야기는 과학적 접근으로 인체의 신비를 밝혀내는 것이 아닌 '감정'이었다.

슬플 때, 화가 날 때, 서러울 때, 억울할 때, 아플 때, 무서울 때, 고통스러울 때, 그리울 때 사람들은 눈물은 흘린다. 너무 기쁠 때에도, 놀라거나 감동스러울 때, 자랑스러울 때, 신비로울 때, 경이로울 때, 고마울 때에도 눈물을 흘린다. 눈물을 그저 신체의 한 부분에서 만들어지는 분비물 정도로만 여기기에는 그 안의 감정들이 벅찰 만큼 다양하고 복잡하며 섬세하다. 마음과 기분이라는 걸 먼저 안 후 그리고 눈물은 그것을 표현하는 하나의 방식임을 깨달은 뒤에 과학적 지식을 접해도 늦지 않을 것 같다.

더구나 이 아이는 지금 자기 안의 감정을 충실히 바라보고 표현하려 애를 쓰고 있지 않은가. 아직은 기쁨의 눈물이 어떤 건지 스스로 느끼진 못했지만, 언젠가 아이가 진짜 기쁨의 눈물을 흘리게 되는 날이 오면 그땐 당황하지 않고 '아! 이거구나!' 하며 기꺼이 자신의 감정에 충실했으면 한다.

"아, 맞다! 정말 열심히 연습하고 노력해서 꼭 하고 싶은 일을 해냈을 때에도 눈물이 나더라. 자기가 자랑스러운 마음 때문인가 봐. 눈물샘에서 눈물이 많이 생겨 주룩주룩 흐르는 건 눈물비고,

찰랑찰랑 넘쳐 눈에 그렁그렁 맺히는 건 눈이슬이래. 눈물비도 눈이슬도 모두 다 우리 마음이야."

나는 올림픽에서 최선을 다한 후 눈물을 흘리는 선수들의 모습을 인터넷에서 찾아 아이에게 보여 주었다. 아이가 눈물의 수많은 종류를 당장 이해할 순 없겠지만 산타 할아버지에게 선물을 받기 위해 자신의 감정을 억누르며 눈물을 참지는 않았으면 좋겠다. 다른 이가 흘리는 눈물의 의미를 이해하려는 사람으로 자라기를. 많이 느끼고 많이 표현하며 마음이 풍요로운 사람이 되길 바란다.

○ 함께 보면 좋은 그림책

다람쥐의 구름

조승혜 글·그림. 북극곰

아이가 느끼는 감정을 비구름을 통해 시각적으로 보여 주는 그림책이다. 늘 자신을 따라다니는 비구름 때문에 친구들에게 피해가 갈까 봐 늘 혼자 지내는 다람쥐는 점점 깊은 슬픔과 외로움을 느낀다. 그런 다람쥐에게 우산을 쓰고 다가온 생쥐. 여전히 다람쥐에겐 비구름이 있지만 이전과 다른 비구름이다. 아이들과 함께 눈에 보이지 않는 감정을 바라보고, 그 섬세한 감정의 변화를 따라가기에 매우 좋은 그림책이다. 마음 따뜻해지는 귀여운 그림과 행복한 마무리가 오래도록 무척 사랑스럽다.

"우리 소풍 갈까?"

비구름이 걷히고 무지개를 만난 다람쥐가 생쥐에게 건넨 말이
다. 아이의 마음에 용기와 희망이 자랐고 우정이 싹텄다. 책을 덮
으면서 아이에게 이렇게 말하자. "우리도 소풍 갈까?"

아이와 재미있게 그림책을 보는 팁

이 책은 그림을 더욱 자세히 살필수록 더 큰 재미를 느낄 수 있다.
글보다는 그림으로 다람쥐의 감정들을 전달하고 있어서다. 표정
과 행동을 살피며 등장인물의 마음에 더 가까이 다가가 보자.

"엄마, 밤은 왜 와?"
두려움을 질문하는 아이들

"엄마, 나 자기 싫어."

"지금 시간이 많이 늦었어. 얼른 자야 내일 또 신나게 놀지."

"엄마, 밤은 왜 와?"

"어서 자. 눈 감아."

"엄마, 밤은 왜 캄캄해?"

"그만 하고 얼른 자. 늦게 자면 키 안 커."

"엄마, 목말라. 쉬 마려. 배고파."

"하아, 너 정말……."

결국 우유 한 잔 마시고, 화장실도 다녀온 후에야 아이는 억지로 억지로 잠이 들었다. 밤이면 밤마다 이어지는 실랑이에 재우려는 엄마나 안 자려고 버티는 아이나 힘이 들긴 매한가지다. 휴식이 우리 몸에 얼마나 중요한지, 잠을 자는 동안 너의 몸이 얼마나 자라게 되는지, 내 딴에는 나름 차분하고 친절하게 설명을 해주었지만 효과는 잠깐. 아이는 또다시 왜 잠을 자야 하는지, 왜 밤이 오는지 묻고 또 물었다. 그래서 나 역시 아이에게 물었다.

"튼튼해지고 싶지 않아? 아빠처럼 키 크고 싶지 않아? 왜 잠자는 게 싫어?"

"깜깜해서 무서워. 깜깜하면 괴물도 나오고 유령도 나올 거 같아. 엄마도 없어질 거 같아."

내가 몇 번을 물어도 항상 "몰라."라고 말했었는데, 어느 날 아이가 진짜 마음을 꺼냈다. 질문 속에 숨겨 두었던 아이의 두려움이었다.

아이들은 몸과 마음이 자라는 만큼 광범위했던 세상을 점차 세분화하여 바라보고, 구체적으로 확인하려 든다. 그런데 괴물이나 유령 같은 비현실적인 대상은 너무 막연해서, 도무지 파악할 수가 없다. 실체를 알 수 없다는 사실은 아이에게 걷잡을 수 없는 공포감을 준다. 게다가 유아기는 개방적이고 자유로운 상상력이 급격히 발달하는 시기다. 아이들은 자신의 상상 속에서 키운 공포와 현실을 구분하지 못하기도 한다. 그림책 속 도깨비가 오늘 밤 우리 집을 찾아와 나를 혼내 줄지도 모른다고 생각하는 것처럼 말이다. 물론 이러한 현상은 급격한 인지 발달 과정 속에서 아이의 감각과 상상력이 풍성하게 발달하고 있다는 증거이기에 매우 자연스러운 일이다. 하지만 당사자인 아이에게는 무척 곤욕스런 일이 아닐 수 없다.

아이의 대답을 듣고 '크고 있구나. 상상하고 있구나.' 생각하니 피식 웃음이 났다. 상상 속 대상으로부터 시작된 두려움을 없애기 위해서는 다정하고 용감한 상상 속 친구가 필요하지 않을까?

"무서운 괴물이랑 유령이 나타날까 봐 무서웠어?"

"응."

"엄마한테 진작 말하지. 해가 사라지고 깜깜한 밤이 되면 하늘에 어린이를 지켜 주는 삼총사 별이 뜨는 걸. 그래서 걱정 안 해도 되는데."

"진짜? 누군데?"

"삼총사 중 첫 번째 별은 붙박이별이야. 붙박이별은 북극성이라고도 하는데 아주아주 옛날부터 항상 같은 자리에 딱, 떠 있어. 다른 별들은 자리를 옮기기도 하고 사라지기도 하는데 붙박이별은 절대 안 그래. 왜냐면 아이들을 괴롭히는 괴물이 나타나면 늑대별에게 바로 알려 줘야 하거든. 그래서 절대 아무 데도 안 가고 한 자리에서 반짝반짝 빛나."

"괴물이 나타나면?"

"그럼 붙박이별이 바로 늑대별을 부르지. 늑대별은 시리우스

별이라고도 하는데 진짜 무서워. 무서운 눈초리로 번쩍번쩍 빛나다가 괴물이 나타나면 으르릉 짖어 댄다니까. 근데, 사실 짖을 필요도 없어. 별빛만 봐도 괴물들이 도망가거든."

"안 도망가면?"

"그땐 삼총사 중 마지막 별이 나타나야지. 바로 별똥별! 하늘에서 휙 떨어지는 별똥별 알지? 그냥 심심해서 떨어지는 게 아니야. 늑대별이 짖는데도 괴물이 도망가지 않으면 별똥별이 괴물을 잡으러 출동하는 거야. 긴 꼬리가 생길 정도로 빠르게 휙 날아와서 괴물이 지구에 닿기도 전에 별똥별이 잡아간다니까. 그러니까 우리 집에 괴물이 올까 봐 걱정하지 않아도 돼."

"진짜? 근데 별이 안 보이는 날엔 어떻게 해?"

"그래도 걱정 마. 엄마가 있잖아. 엄마가 꼭 안아 주고, 지켜 줄 거야. 엄마가 세상에서 제일 힘세!!"

붙박이별(북극성), 늑대별(시리우스성), 별똥별(유성)을 아이들을 지키는 밤하늘 삼총사로 둔갑시키고, 엄마의 힘자랑까지 더하니 아이는 조금 안심한 눈치였다. 몇 번 함께 별을 관찰한 경험도 도움이 되었다. 제 눈으로 직접 보았던 수많은 별들이 자신을 지켜 준다는 말에 아이는 제법 흐뭇해 했다. 아직 엄마가 지어낸 이야기를 의심하지 않고 철석같이 믿는 나이라 가능한 일이다. 아이가 나의 이런 이야기를 곧이곧대로 믿지 않는 나이가 되어도 여전히 밤을 무서워할까? 무서워할 때 더 많이 안아 주고 더 많은

상상 속 대상으로부터 시작된
두려움을 없애기 위해서는 다정하고 용감한
상상 속 친구가 필요하지 않을까?

이야기를 들려주고 싶다.

참고로 밤하늘 아이들의 친구가 되어 주는 별과 관련한 이름 몇 개를 함께 소개하면 다음과 같다.

국자별(북두칠성), 닻별(카시오페이아자리, 닻 모양과 비슷해서 생긴 이름), 큰곰별(큰곰자리의 대웅성), 떠돌이별(행성), 꼬리별(혜성), 돌돌이별(위성, 달), 집신할아버지별(견우성), 집신할머니별(직녀성), 별무리(성단), 미리내(은하) 등.

더불어 금성을 새벽에 동쪽 하늘에서 밝게 빛나는 별이라 하여 샛별이라는 예쁜 우리말로 부르는 것처럼 수성은 물별, 화성은 불별, 목성은 나무별처럼 친근한 이름으로 불러 주어도 아이들과 재미있는 이야기를 만들 수 있다. 아이들이 구체적으로 상상할 시각적 요소가 생기기 때문이다. 흔히 지구는 땅별이라고 부른다.

○ 함께 보면 좋은 그림책

고마워요 잘 자요

패트릭 맥도넬 글·그림, 김은영 옮김, 다산기획

하루가 끝나는 게 너무 아쉽고 계속 놀고 싶지만 또 졸리기도 한 아이들의 모습이 사랑스럽게 그려진 그림책이다. 이 책은 아이들이 즐겁게 놀고 행복한 마음으로 잠자리에 들면, 내일 또 즐거운 일이 일어날 거라는 믿음과 설렘을 준다. 작고 귀여운 동물 친구들이 잠옷 파티를 하며 웃긴 표정을 짓기도 하고 숨바꼭질도 하고 귀여운 요가 동작도 다함께 하며 행복해 하는 모습이 참 사랑스럽다.

어휘력을 키워 주는 그림책 속 한 문장
"알렌은 암탉 춤을 가르쳐 주었어요."
잠옷 파티를 하는 동안 아이들이 하는 놀이를 참고해 보자. 집에서 따라 하기 딱 좋은 놀이들이 모두 모여 있다. 웃긴 표정 짓기, 옛날이야기 듣기, 하루 동안 있었던 행복한 일 말하기까지 한바탕 신나게 웃고, 이불 속에 쏙 들어가 하루를 마감하는 것까지 모두 참고하자.

아이와 재미있게 그림책을 보는 팁
잠들기 전 아이에게 읽어 주는 잠자리 그림책으로 활용하면 좋다. 동물 친구들의 놀이 과정과 하루를 마무리하는 모습들을 보며 자연스럽게 아이의 오늘 하루 이야기도 함께 나눠 보자. 오늘 재미있었던 놀이는 무엇이었는지, 내일은 또 어떤 놀이를 하고 싶은지도 물어보고 말이다. 놀이로 시작해 놀이로 끝났다가 다시 놀이가 시작되는 아이의 생활을 존중해 주자.

"엄마, 나는 왜 없어?"
'특별한' 존재를 위한 '특별한' 탄생 설화

오랜만에 신혼여행 사진을 꺼내 보는데, 아이가 이상하다는 듯 물었다.

"왜 엄마랑 아빠만 갔어? 나도 가고 싶은데, 왜 나는 안 갔어?"

아이는 금방이라도 울음을 터뜨릴 것만 같았다. 사실 '네가 태어나기 전에 있었던 일이니 네가 없는 것은 당연하다. 너는 아직 이 세상에 존재하지 않았다.'라고 말해 주면 될 일이었다. 그게 사실이니까.

하지만 눈물이 그렁그렁 맺힌 얼굴을 보니 너무 귀엽기도 하고 짠하기도 해서 좀 더 멋진 말로 아이의 기분을 풀어주고 싶었다.

"그때 너도 여행 중이었는데, 기억 안 나?"

아이 눈이 동그래졌다.

"어디? 사진 있어?"

"아니. 아쉽지만 사진은 없어. 왜냐면 그땐 아직 엄마랑 네가 만나기 전이거든. 이건 진짜진짜 비밀인데. 사실 아이들은 원래 별이었어."

"하늘에 떠 있는 별?"

아이가 물었다. 나는 가볍게 고개를 끄덕이고 아기 별 이야기를 들려주었다.

"아주아주 먼 우주, 저 끝에는 별나라가 있어. 그곳엔 아기 별들이 모여 살지. 아기 별들은 우주에서 제일 아름다운 초록별 지구를 내려다보며 어떤 엄마에게 갈까 살펴본대. 키가 큰 엄마가 좋을까? 동물을 잘 돌보는 엄마가 좋을까? 회사에서 열심히 일하는 엄마가 좋을까? 아니면 여행을 좋아하는 엄마가 좋을까? 노래를 잘하는 엄마가 좋을까? 목소리가 씩씩한 엄마가 좋을까? 매일매일 어떤 엄마 품속으로 떨어질지 살펴보느라 아기 별들은 눈을 크게 뜨고 반짝반짝 빛을 냈지. 그중에 너도 있었어. 너는 아마 이야기를 재미나게 하는 엄마가 좋아 보였나 봐. 그래서 엄마가 아빠랑 재미나게 이야기하는 모습을 보고 "저 엄마다!" 하고 소리쳤지. 그때부터 저 먼 별나라에서 지구별까지 여행이 시작되는 거야. 엄마를 찾아서 말이야. 오는 동안 다른 엄마를 찾아 떠나는 친구들이랑 이야기도 하고, 달도 보고 해도 봤지. 지구에 도착해서는 미국인지 한국인지, 이 집인지 저 집인지 헷갈려 이리저리 돌아다녔을 거야. 그러다 엄마를 본 순간! 딱 알아챈 거지!"

여기까지 이야기를 하자 아이가 소리를 질렀다.

"맞아. 그래서 내가 엄마 배 속으로 들어갔어."

"맞아. 맞아. 길 잃어버리지 않고 엄마 잘 찾아와 줘서 너무너무 고마워. 진짜 힘들었을 텐데. 정말정말 고마워."

나는 아이를 힘껏 안아 주었다.

"근데 엄마도 사실 네가 엄마에게 올 거란 걸 알고 있었어."

"어떻게?"

"엄마가 꿈을 꿨는데 말이야……."

나는 자연스레 아이의 태몽 이야기를 들려주었다. 물론 과학적으로는 터무니없는 이야기다. 실제론 밤하늘의 별이 부모를 찾는 아이일 리 없고, 아이가 부모를 선택할 수도 없다. 하지만 나는 아이에게 조금은 드라마틱한 탄생 설화를 선물하고 싶었다. 오롯이 아이가 주인공인, 세상에서 가장 특별한 이야기를 말이다.

얼마 전 가수 악동뮤지션 멤버인 수현의 인터뷰를 보았다. 솔로 앨범에 수록된 노래가 자존감이 낮아진 딸에게 엄마가 전하는 이야기라고 했다. 엄마는 딸에게 용기를 주기 위해 그동안 감춰 왔던 탄생의 비밀을 들려주는데, 신화 속 영웅이 가질 법한 탄생 설화를 상상했단다. 인터뷰를 보고 노랫말을 하나하나 살펴보며 그녀가 부른 노래 〈에일리언〉을 들었다. 독특하면서도 신나는 리듬에 개성 있는 목소리가 인상적이었다. 인터뷰를 보고 음악을 들어서인지 톡톡 튀는 아이 뒤에서 '너는 특별하다. 너는 특별한 힘이 있다. 숨지 마라. 자아를 찾아라. 자신감을 가져라.' 응원하는 엄마의 모습이 떠올랐다.

이렇게 아이들에게 탄생 설화를 선물해 보자. 태몽이 없다면 아이가 좋아하는 꽃이나 동물이 등장하는 꿈 이야기를 슬쩍 지어 내도 괜찮다. 태몽을 꾸고 안 꾸고가 중요한 것이 아니라 특별한 네가 우리에게 와 주어 너무나 기쁘다는 부모의 마음이 더욱 중요하니까. 자기만의 탄생 설화를 가진 아이들이 만들어 갈 개성 넘치는 세계를 응원한다.

○ 함께 보면 좋은 그림책

나는 태어났어

핫토리 사치에 글·그림, 이세진 옮김, 책읽는곰

머나먼 우주의 별에서부터 엄마와 아빠를 찾아 긴 여행을 떠나는 아이들의 이야기다. 태어나고 싶은 곳을 고르고 위험을 물리치며 나를 기다리는 누군가를 향해 용감하게 길을 떠나는 아이의 모습을 보고 있노라면 부모와 자식의 인연으로 만난 이 기적에 새삼 감사함을 느낀다. 아이에게 특별한 설화 하나쯤 선물하고 싶은데 생각이 잘 안 난다면 이 책을 참고해 보자.

어휘력을 키워 주는 그림책 한 문장

"별 하나가 펑 하고 터져서 백 개도 넘는 별이 되었어. 그 별들이 우리였어."

밤하늘에 수많은 별들이 있는데 그중에서 딱 하나! 가장 빛나는 별이 바로 너였다고 아이에게 속삭여 주자. 엄마를 찾아와 줘서 너무너무 고맙다는 말과 함께.

아이와 재미있게 그림책을 보는 팁

이 책을 읽고 난 후 엄마가 해야 할 일은 단 하나뿐이다. 아이를 꼭 안아 주자. 더 이상 아무것도 필요하지 않다.

"엄마, 죽으면 없어져?"
추상적 개념을 묻는 아이들

아이와 함께 장례식장에 다녀온 적이 있다. 태어나 처음으로
장례식장에 간 아이는 우는 사람들과 지친 표정의 어른들을 보며
이 상황이 그리 재미있는 상황은 아니라는 걸 단번에 눈치 챘다.
아이는 아주 조용히 내 옆에 붙어 있었다. 집으로 돌아오는 차 안,
한참을 말없이 있던 아이가 불쑥 물었다.

"엄마, 죽으면 왜 못 만나?"

잠시 어떻게 설명해 줘야 하나 망설여졌다. 생명은 영원할 수
없다는 걸, 죽음은 영원한 이별을 뜻한다는 걸 아이가 이해할 수
있을까? 하지만 어영부영 넘어갈 수도 없는 이야기였다. 나는 잠
시 고민을 한 뒤 아이가 딱 궁금해 하는 만큼만 왜곡하지 않고 덤

엄마의 어휘력

덤히 이야기해 줘야겠다고 생각했다.

"응. 죽는다는 건 더 이상 살아 있지 않은 거야. 그래서 만날 수도 이야기할 수도 없어."

"죽으면 없어져?"

"글쎄. 사실 엄마도 잘 모르겠어. 죽었다 다시 살아나서 나타날 수는 없으니까 몸은 없어지겠지? 하지만 엄마 생각엔 살아 있는 동안 서로 사랑하며 지냈던 사람들 마음속에서는 없어지지 않을 것 같아. 같이 여행 갔던 거, 함께 밥 먹고 이야기 나누었던 거…… 이런 게 없던 일이 되지 않거든. 같이 있어서 좋았던 기분, 목소리, 냄새 다 기억나지 않을까? 그러니깐 없어지는 건 아닌 거 같은데……."

"그럼, 하늘나라 가서 안 보이지만 없어지는 건 아니구나."

"그래, 그럴 수도 있겠다. 어쩌면 하늘나라에서 사랑하는 사람들이 잘 지내나 내려다보면서 건강히 잘 지내라고 응원할지도 모르겠네."

확답이 아닌 그럴지도 모르겠다고 대답을 하자 아이가 정곡을 찔렀다.

"엄마도 잘 모르는구나?"

"응. 솔직히 엄마도 잘 몰라."

그러고서 아이는 또 불쑥 물었다.

"근데, 엄마도 죽어?"

당연히 나도 언젠가는 죽을 것이다. 영원히 살 수 있는 사람은 없으니까. 생명이란 그런 것이고 그게 삶의 이치니 말이다. 하지만 아이가 이 순간 확인하고 싶은 건 엄마가 죽는다는 사실이 아닌, 자신의 곁에 있을 거라는 사실이다. 이 나이대의 아이에게 엄마가 곁에 없는 건 상상도 할 수 없을 만치 무섭고 두려운 일일 테니 말이다.

"응. 엄마도 언젠가는 죽겠지. 죽지 않는 사람은 아무도 없어. 그런데 걱정할 거 없어. 엄마는 아주 오래 건강하게 살면서 네 곁에 있을 거야. 그래서 형아가 되고, 어른이 되어 결혼하는 것도 보고, 나중에 아빠가 되는 것도 볼 거야. 아주 먼 나중 일이니까 지금은 하나도 걱정하지 않아도 돼. 그리고 아주아주아주 나중에 엄마가 하늘나라에 가도 걱정할 거 없어. 우리 가족이 함께 여행도 다니고, 맛있는 것도 먹고, 재미나고 신나는 추억 많이 만들면 돼. 그렇게 서로 엄청 사랑하며 즐겁게 지내면 엄마가 네 마음속에 진짜 행복하게 남아 있을 걸."

"응."

아직 추상적 개념에 대한 이해가 막연한 아이에게 어디까지 어떻게 설명해 줘야 할까? 아이가 내 말을 온전히 이해했는지는 솔직히 잘 모르겠다. 하지만 막연한 두려움 때문에 슬퍼하고 불안해하진 않았으면 한다. 죽은 뒤의 세계가 어떠한지 아이건 어른이건 알 수는 없지만 함께 있는 동안 신나고 즐거우면 되는 것 아닐까? 마음껏 사랑하고 행복하면 된다. 그게 우리가 할 수 있는 최고의 일이라는 걸 아이에게 알려 주고 싶다.

○ 함께 보면 좋은 그림책

이게 정말 천국일까?

요시타케 신스케 글·그림, 고향옥 옮김, 주니어김영사

천국이 있다면 어떤 모습일까? 주인공 아이는 할아버지가 남긴 천국 노트를 살펴보며 천국이라는 장소를 구체적으로 상상하고 그려 본다. 그 안에 담긴 할아버지의 감정을 이해하려 노력하고, 또 할아버지를 향한 그리움과 사랑 역시 자연스레 표현한다. 죽음을 막연히 두려워하는 아이들에게 조금은 위안이 되는 그림책이다.

어휘력을 키워 주는 그림책 한 문장

"하지만 정말로 천국이 있다면? 그리고 할아버지가 상상한 그대로라면? 조금은 안심이 돼요."

아이들뿐 아니라 어른들의 마음까지 안아 주는 문장이 아닐까 싶다. 아이가 무언가를 두려워한다면 무조건 "괜찮아."라고 말하기보단 함께 상상하고 이야기를 나눠 보자. 실체 없는 두려움을 마주하다 보면 아이의 두려움도 작아질지 모른다.

가끔 조부모의 죽음을 경험한 아이들에게 보여 줄 만한 그림책을 추천해 달라는 부탁을 받곤 한다. 하지만 이런 경우에는 아이가 느끼는 슬픔과 상실감에 대한 공감과 위로가 먼저다. 무조건 괜찮아질 거라는 말보단 함께 슬퍼하고 감정을 털어 놓아야 한다. 그림책은 가족이 함께 애도의 시간을 충분히 가진 뒤 보는 게 좋다.

"엄마, 내가 쓴 이야기가 뭐야?"
아이의 생각을 문장으로 풀어내는 법

아이가 종이에 무언가를 열심히 그리고 또 그리더니 내게 가져와 대뜸 물었다.

"엄마, 뭐라고 써 있어?"

"응?"

"여기, 글씨 읽어 봐."

아이는 세상 처음 보는 창조적인 글씨를 잔뜩 그려 놓고는 해석인지 해설인지를 요구해 왔다. 이때 난 "네가 쓴 거니 네가 말해 봐."라든가 "엄마도 잘 모르겠어." 같은 말은 절대 통하지 않는다는 걸 이미 알고 있었다.

"그럼, 글씨 옆에 그림은 뭐야?"

"이거 토끼랑 얼룩말이잖아."

"아, 그럼 둘이 얘기하는 거야? 근데 지금 어디에 있는데?"

"유치원이지. 오늘 생일 파티 날이야."

"아, 토끼랑 얼룩말이랑 유치원에 갔구나. 오늘은 생일 파티 하는 날이고. 누구 생일이야?"

나는 사건의 증거를 모으는 탐정처럼 아이의 말을 통해 아이가 쓴 암호 같은 글씨의 의미들을 모았다. 질문이 몇 번 되풀이되자 아이는 얼른 이야기를 들려 달라고 재촉했다.

"오늘은 유치원에서 생일 파티를 하는 날이에요. 토끼는 친구들이 자기한테 선물을 얼마나 많이 줄까 기대하면서 유치원에 갔어요. 얼룩말도 마찬가지였어요. 그런데 유치원에 갔더니 친구들이 아무도 없었어요. 이 이야기 맞지?"

아이는 만족스럽다는 듯 "맞아. 내가 그 이야기 쓴 거야."라고 대답했다.

그 말이 사실이다. 나는 그저 아이의 머릿속에 있는 이미지들을 정리된 문장으로 담아냈을 뿐, 주인공과 배경을 만들고 사건을 설정한 건 모두 아이였다. 아이들은 끊임없이 상상하고 또 상상한다. 아이의 머릿속에는 마치 단어와 문장 그리고 그림들이 둥둥 떠다니는 이야기 세계가 존재하고 있는 것만 같다. 아직은 잘 다듬어진 완성된 이야기를 만드는 게 버겁지만 이렇게 많은 소스를 가지고 있으니 언젠가는 자신의 이야기를 엄마의 말을 빌리지 않고도 술술 풀어내지 않을까?

그전까진 어른의 입을 빌려 완성된 이야기를 만들어 내야 한다. 아이들은 이야기의 결말을 원하기 때문에 누군가는 이야기를 마무리 지어 줘야 하는 것이다. 아이들이 기승전결이 분명한 옛이야기를 좋아하는 이유 역시 깔끔한 완결이 가져다주는 만족감 때문이라고 한다.

그러니 자신도 알 수 없는 해독 불가 외계어를 그려 놓고 내가 글자를 썼으니 엄마가 읽어 보라고 말하는 아이의 마음속에는 '내 이야길 어서 빨리 완성해 주세요!' 하는 신호가 들어 있다. 아이는 마무리가 되어야 만족하고 그로써 또 다른 이야기를 생각해 낼 수 있다.

"그런데 친구들은 왜 아무도 없는 거죠?"

내가 묻자 아이가 답했다.

"다른 친구들이 다 늦잠을 잤어요."

"아하! 친구들이 모두 늦잠을 자서 아무도 없군요. 토끼와 얼룩말은 무척 속상했어요. 그때 문이 열리고 친구들이 들어왔어요."

"엄마, 그 다음은 내가 할래. 친구들이 선물을 줬어요. 코끼리는 똥을 가져왔어요."

아이와 나는 서로 이야기를 주거니 받거니 하며 꼬리에 꼬리를 이어 나갔다. 나는 커다란 코끼리의 똥 속에는 커다란 반지가 숨겨져 있었고 그걸 파리가 찾아냈다는 말도 안 되는 이야기로 결론을 지었다. 어쨌든 해피엔딩이었다.

아이의 이야기에는 자주 똥과 방귀가 나오고 주인공은 느닷없이 괴물과 싸움도 해야 하지만 그래도 언제나 즐겁게 마무리가 된다. 아니 즐겁게, 행복하게 마무리를 해 줘야 한다. 그래야 또 다른 재미있는 이야기를 들을 수 있으니 말이다.

○ 함께 보면 좋은 그림책

책의 아이

올리버 제퍼스·샘 윈스턴 글·그림, 이상희 옮김, 비룡소

"나는 책의 아이, 이야기 세상에서 왔어요!"라고 자신을 소개하는 아이와 함께 끝없이 펼쳐진 글자 바다를 건너 여행을 떠나는 그림책이다. 책과 글자라는 떼려야 뗄 수 없는 짝꿍이 그림책의 한 장면, 한 장면을 연출하는 것을 보기만 해도 충분히 즐거운 경험이 된다.

어휘력을 키워 주는 그림책 한 문장
"나는 상상의 힘으로 바다 위로 떠다녀요!"
상상의 힘으로 여행하지 못할 곳은 없다. 아이와 엄마가 함께 손을 잡고 상상의 힘으로 그림책 속으로 풍덩 여행을 떠나 보자. 엄마가 여행하고 싶은 그림책도 펼쳐 놓고, 아이가 여행하고 싶

엄마의 어휘력

은 그림책도 펼쳐 놓는다. 책 속의 이야기를 훼방 놓기도 하고, 주인공의 중요한 물건을 살짝 숨기기도 해 보자. 엉망진창이 된 이야기 속에서는 아이가 해결사가 되기도 한다. 상상의 힘은 상상 그 이상이다!

아이와 재미있게 그림책을 보는 팁

『책의 아이』 속에는 여러 명작 동화들의 제목이 그림처럼 등장한다. 하늘을 떠다니기도 하고, 물이 되기도 하고, 집이 되기도 하는데 아이와 함께 그림책 속에 등장하는 이야기를 찾아보자. 이야기 세상에 얼마나 많은 이야기들이 살고 있는지를 경험하면 책의 내용이 더욱 생생하게 느껴질 것이다.

상상과 유머가 만나는
✧ 수수께끼 놀이 ✧

수수께끼는 어떤 사물을 다른 것에 빗대어 말해 그것이 무엇인지를 알아맞히는 놀이다. 상상한 것을 자신의 언어로 표현할 줄 아는 나이가 되면 아이들은 수수께끼나 스무고개 같은 말놀이를 무척 좋아한다. 상상과 유머는 물론 추리하고 정답을 맞히는 성취감까지 느낄 수 있기 때문이다.

쉽게 유추할 수 있는 쉬운 수수께끼부터 시작해 좀 더 기발한 난센스까지 아이의 발달에 맞춰 다양한 수수께끼를 가지고 함께 맞히기 놀이를 해 보자. 참! 수수께끼를 잘 맞히기 위해서는 다른 사람의 이야기를 끝까지 잘 들어야 한다는 사실도 아이에게 반드시 일러 줘야 한다.

Q. 들어갈 때는 구멍이 하나인데 나올 때는 구멍이 두 개인 것은? (바지)

Q. 방은 방인데 가지고 다닐 수 있는 방은? (가방)

Q. 이상한 사람들이 모이는 곳은? (치과)

Q. 귀는 귀인데 까악까악 소리가 나는 귀는? (까마귀)

Q. 따그닥따그닥 걸어 다니는 귀는? (당나귀)

Q. 개 중에서 가장 크고 예쁜 개는? (무지개)

Q. 물만 먹으면 죽는 것은? (불)

Q. 문은 문인데 열지 못하는 문은? (소문)

Q. 겉은 보름달, 속은 반달인 과일은? (귤)

Q. 자꾸만 미안하다고 말하는 과일은? (사과)

Q. 겉은 초록 밭에 검은 길이 나 있는데, 속은 빨간 것은? (수박)

Q. 세상에서 가장 빠른 닭은? (후다닥)

Q. 세상에서 가장 빠른 새는? (눈 깜짝할 새)

Q. 눈이 녹으면 뭐가 될까? (눈물)

Q. 눈앞을 막으면 더 잘 보이는 것은? (안경)

Q. 어른들은 탈 수 없는 차는? (유모차)

Q. 다리에 발이 달리지 않고 머리에 다리가 달린 것은? (문어)

Q. 금은 금인데 먹을 수 있는 금은? (소금)

상상력이 풍부할수록 무서운 것도 많아지는 법!

✦ 아이의 두려움 극복하기 ✦

유아기 아이들의 두려움에 관한 흥미로운 연구를 본 적이 있다. 유아의 성별과 연령, 정서 행동 문제 수준에 따른 두려움 목록을 분석한 연구였는데, 이 연구에 따르면 성별, 연령, 정서 행동과 무관하게 유아기 아이들이 가장 두려워하는 대상은 '귀신'이라고 한다. 아이들이 꾸는 악몽에서도 역시 귀신이 등장하는 경우가 가장 많다. 그 밖에 괴물이나 도깨비도 아이들이 흥미를 가지는 동시에 무서워하는 존재들이다.

그럼 아이들은 왜 한 번도 본 적 없는 귀신, 괴물, 도깨비를 무서워하는 걸까? 이는 매스컴이나 책을 통해 본 대상의 전체적인 외형과 미지의 대상에게 신체적으로 해를 입거나 혹은 부모로부터 분리되는 것에 대한 두려움, 그리고 죽음에 대한 공포와 관련이 있다. 더불어 그 대상에 어른들이 부정적인 태도를 보이는 것 역시 이유 중 하나다.

앞선 에피소드에서 이야기한 대로, 이런 두려움은 아이들의 성장 과정에서 매우 자연스러운 현상이다. 하지만 아무리 자연스러운 과정이라고 해도 아이가 과도하게 무서움을 호소한다면 부모 입장에서는 걱정이 되기 마련이다. 이럴 때는 어떻게 해야 아이를 안심시킬 수 있을까?

1. 아이의 두려운 마음을 먼저 이해한다.

텔레비전에서 얼핏 본 한 장면이나 꿈에서 본 장면, 어둠 속에서 상상을 하며 만들어 낸 이미지, 개나 병원처럼 특정 대상이나 공간에 대한 부정적 경험 등이 아이를 불안하게 할 수 있다는 걸 부모가 먼저 인정해 줘야 한다. 아이는 자신의 감정을 수용하는 부모를 통해 안전에 대한 욕구를 충족하기 때문이다.

2. 아이가 점진적으로 두려움에 둔감해지도록 도와준다.

아이의 두려움이 상상의 산물이라는 점을 편안하게 이야기해 주고, 아이가 두려움을 통제할 수 있도록 도와주자. 어둠 속에 비친 붉은 빛을 보며 괴물의 눈이라고 무서워하는 아이에겐 방 안의 불을 직접 켜게 하거나 붉은 빛이 어디서 비친 건지 함께 찾으며 가리거나 꺼 보는 게 좋다. 통제력을 가진 아이는 훨씬 마음이 편안해진다. 비현실적이고 추상적인 개념들을 그림책이나 이야기를 통해 좀 더 구체적으로 개념화시키는 노력도 같이 하면 아이의 두려움은 보다 자연스럽게 사라진다.

3. 아이에게 자극적인 영상이나 그림을 노출하지 않는다.

유튜브나 온라인 게임은 물론이고 간혹 옛이야기 그림책에서도 잔혹하거나 폭력적인 장면이 묘사되는 경우가 종종 있다. 이런 이미지를 보고 아이가 두려움을 느낀다면 굳이 노출시킬 필요가 없다. 시각 이미지는 아이들에게 좀 더 오래, 그리고 강하게 각인되는 정보이기 때문이다.

✦ 무서움아 저리 가! 두려움 극복을 도와주는 그림책 ✦

토끼와 늑대와 호랑이와 담이와
채인선 글, 한병호 그림, 시공주니어

엄마가 집을 나서며 아이에게 절대로 아무에게도 문을 열어 주지 말라고 신신당부를 한다. 무시무시한 늑대가 올지도 모른다고 하면서 말이다. 우리에게 익숙한 이야기는 여기까지인데 그림책은 이후의 상황을 어른들은 상상하지 못할 아이들만의 재미난 방향으로 전개시킨다. 아무리 기다려도 늑대가 오지 않자 당찬 아기 토끼가 늑대를 찾아 나선다. 언덕 넘어 늑대의 집까지 찾아간 아기 토끼! 그런데 그곳에는 호랑이가 올까 봐 벌벌 떨고 있는 아기 늑대가 혼자 집을 지키고 있다. 물론 현실에서는 낯선 이에게 문을 열어 주는 것도, 낯선 곳에 혼자 가는 것도 매우 위험한 일이다. 하지만 그림책 속 아이들의 모험은 어린아이라 할지라도 두려움을 이겨 낼 수 있다는 것, 알고 보면 우리가 겁내고 두려워했던 것들이 별 것 아닐 수도 있다는 만족감을 준다. 이 책을 보며 아이들이 '별 거 아니었네!' 하며 한바탕 신나게 웃을 수 있길 바란다.

엄마의 어휘력

왜요?

린제이 캠프 글, 토니 로스 그림, 바리 옮김, 베틀북

이 책은 진정 어린이의 힘이 얼마나 대단한지를 보여 주는 그림책이다. 릴리의 아빠는 하루 종일 "왜요?"라고 묻는 릴리 때문에 펄쩍 뛸 때가 많다. 처음에는 친절하게 대답해 주지만 이내 짜증이 난다. 그러던 어느 날, 언제나 그랬던 것처럼 "왜요?"라고 아빠에게 말대꾸를 하는 릴리 앞에 무시무시한 외계인들이 나타난다. 지구를 파괴하러 왔다는 외계인 앞에서 사람들은 모두 덜덜 떨며 공포에 휩싸인다. 하지만 그때 릴리가 묻는다. "왜요?" 계속되는 릴리의 말대꾸에 외계인들은 두 손 두 발을 들고 결국 지구를 떠난다. 꼭 힘이 세고 무시무시한 생김새를 해야만 강한 것은 아니다. 아이들만의 재치와 천진함이 모두를 공포에 떨게 한 외계인을 물리치는 강력한 힘이 되기도 한다. 이 책을 보며 아이들이 자기가 제일 무서워하는 것을 만났을 때, 그것을 무찌를 수 있는 자기만의 비장의 무기를 마련했으면 좋겠다. 릴리의 "왜요?"처럼!

나를 인정해!

아이의 자존감을 높이는 엄마의 어휘력

4~6
세

나는 어떤 아이일까?

내가 느끼는 이 감정이 뭐지?

나는 무얼 잘하고, 무얼 어려워할까?

엄마, 아빠는 나를 사랑할까?

친구들은 나를 좋아할까?

나는 어떤 어른이 될까?

아이들은 끊임없이 '나'를 생각한다.

나의 존재를 인식하고, 나의 감정을 수용하고, 나의 꿈을 기대한다.

"너는 정말 멋진 아이야! 너를 정말 사랑해!"라는 엄마의 말과 함께!

빨강은 멋있어! 빨강은 용감해!
감정이 색깔을 가졌다면?

네 살 조카에게 책장에서 보고 싶은 그림책을 꺼내 오면 읽어 주겠다고 이야기했다. 조카는 제법 신중하게 그림책을 골라 왔는데 하필이면 별로 읽어 주고 싶지 않은 책이었다.

"우리 다른 거 볼까? 이거 괴물 나와."

은근슬쩍 다른 책으로 바꿔 볼까 했지만 소용없는 일이었다.

"괴물 좋아!"

책을 읽어 주고 싶지 않은 이유는 사실 괴물 때문이 아니었다. 괴물이 가지고 있는 감정의 색깔 때문이었다. 가령 빨강은 화난 색, 노랑은 기분 좋은 색, 파랑은 슬픈 색 등 하나의 색깔과 하나의 감정을 짝꿍처럼 연결 지어 들려주는 식이었다. 아니나 다를까 맨 처음 등장하는 빨강에서부터 아이가 불만을 터트린다.

"아닌데. 빨강 나쁜 색 아닌데. 이모 아니지?"

"그럼, 이 세상에 빨강이 얼마나 많은데. 이모 빨강은 멋쟁이야!"

"멋쟁이?"

"응. 이모 어렸을 때 외할머니가 빨강색 원피스를 사줬는데 그 옷을 입으면 이모가 엄청 기분이 좋았어. 옷이 진짜 최고로 예뻐서 멋쟁이가 된 것 같았거든."

"나도 빨강 멋있어. 소방차 삐뽀삐뽀! 난 소방관이 될 거야."

"불났을 때 출동해서 불도 끄고 사람들도 구해 줄 거야? 빨강은 진짜진짜 용감하다! 좋아! 그럼 우리 또 다른 빨강들도 찾아볼까?"

조카와 난 자연스레 그림책을 치워 두고 또 다른 빨강들을 찾기 시작했다. 맛있는 빨강, 귀여운 빨강, 웃긴 빨강, 아픈 빨강, 심심한 빨강, 짜증 난 빨강, 장난꾸러기 빨강, 매운 빨강……. 세상엔 정말 많고 많은 빨강들이 있다.

감정이나 기분을 색깔에 비유해 표현하는 그림책들을 흔히 찾아볼 수 있다. 그런데 이런 그림책을 볼 때마다 하나의 색깔이 한 가지 기분으로 정답처럼 정해지는 방식이 여간 신경 쓰이는 게 아니다. 마치 모든 아이들이 분홍은 사랑스럽고 파랑은 슬프고 검정은 무섭게 느껴야 할 것만 같은 기분이 든다.

하지만 색을 보았을 때 인상이나 색을 통해 떠오르는 기분은 보통 그 사람의 경험과 가장 연관이 크다. 내가 빨강색을 통해 유년 시절 기분 좋은 추억을 떠올리는 것처럼 말이다. 소방차를 너무 좋아해서 엄마와 함께 가까운 소방서 앞에서 한참 동안 소방차를 구경하고 오는 조카 녀석에게 빨강은 반짝반짝 빛이 나고 우람하고 든든한 세상에서 가장 멋있는 색이라는 걸 나는 알고 있었다.

그러니 "빨강은 화가 난 색이야!"라고 설명하는 그림책이 얼마나 이상했을까?

아이들과 함께 보이지 않는 기분을 색깔로 표현하는 놀이를 해 보자. 어른 입장에서도 이 놀이는 무척 재미나다. 말로 하기 어려운 기분을 선으로 끄적이거나 색으로 칠하면 아이들은 자기 기분에 더 집중하면서 다양한 표현력도 키우게 된다. 하지만 이를 절대 아이들에게 강요해서는 안 된다.

"빨강은 화난 색이야. 넌 어떨 때 빨갛니? 너의 빨강을 말해 줘. 노랑은 즐거운 색이야. 넌 어떨 때 즐겁니? 너의 노랑을 말해 줘."

얼핏 들으면 아이의 기분을 들어 주는 말 같지만 아이에겐 선택의 여지가 없다. 아이들 마음속에서 오색 빛깔의 색들은 언제든 제 기분을 바꿀 수 있다는 걸 잊지 말아야 할 것이다.

파랗고 빨갛고 투명한 나

황성혜 글·그림, 달그림

작은 동그라미에 불과했던 우리에게 파란색 꿈이 찾아오고, 새빨간 열정, 투명한 상상이 찾아온다. 하지만 각자에게 남겨진 색깔의 흔적은 모두 다른 모습이다. 때문에 파랑은 꿈, 빨강은 열정이라 하지만 하나의 이미지로만 여겨지지 않는다. 한 사람 한 사람의 무늬와 흔적이 모두 다르다는 점을 도형과 색으로 상징화해 보여 주는 책으로, 고정된 이미지가 아닌 나만의 상상력으로 색과 모양을 바라보게 한다. 때문에 아이는 물론 어른들에게도 깊은 영감을 주는 책이다. 나에게 찾아온 투명한 상상을 통해 열린 마음으로 감상해 보자.

어휘력을 키워 주는 그림책 속 한 문장

"모두 동그라미였지만, 똑같은 동그라미는 아니었어요."
빨강도 파랑도 노랑도, 동그라미도 네모도 세모도, 꽃도 나무도, 동물도 사람도, 모두모두 다르다. 아이들이 자유롭게 자신을 표현할 수 있도록 빨강은 화가 난 색이라고 강요하지 말자!

아이와 재미있게 그림책을 보는 팁

아이가 파블로 피카소가 그린 〈도라 마르의 초상〉을 보고 왜 얼굴색이 알록달록하냐고 물은 적이 있다. "이 사람이 가지고 있는 여러 가지 마음 색깔들이 아닐까?" 하고 되물었더니 아이는 자기도 마음이 여러 개라고 대답했다. 책을 보고 난 뒤 아이에게 네 안에 얼마나 다채로운 색이 가득한지, 또 더 많은 색들이 너에게 찾아올 거라고 이야기해 주었으면 좋겠다.

"나는 엉뚱 발라야!"
자신이 원하는 '나'를 찾아가는 말

"엄마, 달이 꼭 웃는 것 같아. 둥근 달은 어디 갔어?"

유난히 가늘고 밝은 손톱달이 뜬 날, 아이가 물었다.

"저 달이 둥근 달이야."

"아닌데, 저건 안 둥근 달인데……."

아이는 분명 모양이 다른데 같은 달이라고 이야기하는 엄마가 이해가 안 가는 모양이었다. 앞으로 자주 물어볼 질문인 듯하여 스탠드를 태양 삼고, 작은 공과 더 작은 구슬을 지구와 달로 삼아 같은 달이 때에 따라 다르게 보이는 이유를 아이와 함께 찾아보았다. 쉽게 설명하려고 신경 썼음에도 아이는 영 이해가 안 된다는 눈치였다. 하긴, 아직 달에 토끼가 살고 있다고 믿는 나이니 그럴 만도 했다. 하지만 아이는 아주 중요한 본질을 알아챘다.

"모두 다르게 보여도 진짜 달은 둥근 거네?"

"그럼. 우리 눈에는 지금 씩 웃고 있는 입술처럼 보여도 달은 항상 둥글어. 그래서 진짜 자기 모습인 보름달로 보일 때 가장 환하게 빛나는 거야."

"좋아서?"

"아마도?"

아이와 나는 둥근 보름달, 반원의 반달, 반달에서 살이 좀 더 빠진 조각달, 갸름한 손톱달 하나하나를 그려 보며, 달님 별명 짓기 놀이를 했다. 보름달은 해님 달, 반달은 만두 달, 조각달은 시소 달, 손톱달은 웃는 달. 하지만 우리가 보지 못할 뿐 달은 언제나 둥글다고 이야기하면서 말이다.

〈내 동생 곱슬머리〉라는 동요가 있다. 이름은 하나인데 별명은 서너 개인 개구쟁이 동생에 관한 동요다. 보는 곳과 때에 따라 다른 모양, 다른 이름을 가진 달과 찰떡같이 잘 어울리는 노래라는 생각이 들어 아이에게 이 노래를 가르쳐 주었다. 그리고 우리가 별명을 지어 주었던 달처럼, 그리고 노래 속에 등장하는 동생처럼 너도 여러 가지 모습을 가지고 있다고 이야기해 주었다.

"그럼 엄마는 내가 누구로 보여?"

"음, 재미난 생각을 하는 꼬마 예술가?"

"아빠는 나보고 엄청 웃긴 개구쟁이라고 했는데. 꼬마 예술가도 좋고 개구쟁이도 좋아. 그리고 나는 엉뚱 발라야.”

“하하. 엉뚱 발랄이라고?”

“맞아. 엉뚱 발라 개구쟁이. 콩순이처럼.”

어렸을 적 나는 타인이 바라보는 내 모습에 많이 휘둘리곤 했다. 어떤 평가를 받을까, 어떻게 보일까를 신경 쓰고 모두에게 착한 아이, 똑똑한 아이, 좋은 아이이고 싶어 했다. 하지만 그렇게 타인의 모습을 신경 쓰다 보면 진짜 내 모습이 무엇인지 헷갈릴 때가 많았다.

그래서일까? 누가 어떻게 보든 ‘내가 보는 나’가 가장 정확하다는 걸 아이가 스스로 깨달으면서 성장하길 바란다. 착한 아이로 보이기 위해 애쓰기보단 엉뚱 발랄 개구쟁이인 자신이 훨씬 멋지다는 걸 깨닫는 데 나처럼 오랜 시간이 걸리지 않았으면 한다.

어떤 날엔 나의 마음에 안 드는 부분이 크게 보이기도 하고 때로는 자기도 몰랐던 모습을 다른 사람의 눈에 비친 자신을 통해 알아채기도 할 것이다. 그렇게 나의 모습을 발견하고, 또 수용하고, 사랑하며, 건강한 나로 성장했으면 한다. 자신의 여러 모습을 고루고루 사랑하며 말이다.

사실 아직 어린아이에게 이런 이야기는 뜻을 이해하기 힘든 어려운 말들이다. 그렇더라도 꼭 말해 주면 좋겠다. 아이가 엄마의 말 속에서 자연스럽게 자기를 인식하며 자랄 수 있도록 말이다. 세상 사람들이 어떤 모습으로 어떻게 바라보든 달은 언제나

엄마의 어휘력

둥글다고, 그러니 너도 다른 사람 눈에 비친 모습이 아닌 내가 바라보는 나를 가장 사랑하라고. 그럼 분명 자기 모습일 때 가장 빛나는 보름달처럼 너도 환하게 빛날 거라고, 이야기해 주자.

○ 함께 보면 좋은 그림책

꼬마 카멜레온의 커다란 질문

카롤린 펠리시에 글, 마티아 프리망 그림, 정순 옮김, 웅진주니어

막 알에서 태어난 꼬마 카멜레온이 여러 동물들의 흉내를 내며 진짜 자신의 모습을 찾아가는 과정을 그린 그림책이다. 주변 환경에 따라 몸의 색이 변하는 카멜레온이 진짜 자기의 모습이 무엇인지 물음을 갖는 건 매우 당연한 일이다. 포기하지 않고 자기 자신을 찾아가는 꼬마 카멜레온의 모습이 매우 대견하다.

어휘력을 키워 주는 그림책 속 한 문장

"너는 세상에 단 하나뿐이란다. 너는 바로 너야!"
다른 동물들의 모양을 흉내 내며 나는 누구인지 묻는 아이에게 넌 그들이 아니라 너는 너라고 말하는 엄마와 아빠라니! "너는 바로 너야!"라고 대답한 뒤 그런 너를 사랑한다고 말하는 카멜레온 엄마, 아빠의 모습에서 꼬마 카멜레온이 당당하고 멋진 어른으로 성장할 거란 예감이 든다.
우리도 매일매일 아이들에게 말해 주자. "너는 이 세상에 하나뿐

인 너야. 너를 정말 사랑해!"

"나는 그냥 돌멩이가 아니야!"라고 외치는 정말 특별한 돌멩이를 만날 수 있는 그림책 『돌멩이』도 함께 보자. 다른 사람들이 아무리 하찮은 취급을 해도 언제나 스스로를 특별하다고 여기는 돌멩이는 언제 어디서든 즐겁고 행복하다. 나를 가장 사랑해야 하는 사람은 바로 '나'이다.

엄마의 어휘력

"다른 색깔들이 놀러 올 수 있잖아!"
아이의 완벽주의 내려놓기

"엄마 틀렸어!"

유치원에서 받아 온 색칠 놀이를 펼쳐 놓고 그림을 그리던 아이가 짜증 섞인 목소리로 투정을 부렸다. 어디가 틀렸다는 것인지, 내 눈에는 알록달록 크레파스 색이 예쁘기만 한데 말이다.

"잘했는데. 어디가 틀렸어?"

"자꾸 색이 선 밖으로 튀어나와. 안 잘했어. 엄마 거짓말쟁이야! 틀린 거야. 선 안으로 색칠해야 완벽한 거야!"

한 번도 밑그림 선 안에 깔끔하게 색을 칠해야 한다고 가르친 적이 없었기에 순간 당황을 했다. 아이에게 왜 그렇게 생각하느냐고 물었더니 샘플 채색이 된 옆 페이지를 가리키며 이게 정답이라고 아이가 말했다.

"음…… 엄마는 창문으로 빛이 새어 나오는 네 그림이 더 멋지다고 생각해. 다른 색깔도 놀러 올 수 있잖아. 한 색깔로 네모반듯하게 채워진 저 그림이 엄마는 조금 답답한데."

조목조목 감상을 이야기하니, 아이의 눈빛이 살짝 흔들린다.

"그래도……."

"이거 봐. 네가 칠한 분홍은 요리조리 움직이며 춤을 추는 것 같잖아. 꽉 채워져 있으면 움직일 자리가 없어서 얼마나 답답하겠어."

아이를 위한 선의의 거짓말이 아니었다. "이렇게 칠해요. 이게 정답이에요."라고 말하는 샘플 그림보다 어설프지만 이리저리 움직이고 여러 색이 어우러지는 아이의 그림이 내 눈에는 더 예술가의 작품 같았기 때문이다.

예술에 밑그림을 그리고 그 안에 색을 칠해야 한다는 규칙이 있을까? 그런 그림이 잘 그린 그림이라는 기준은 또 있을까? 물론 없다. 사과는 빨강이고, 산은 세모고, 공주는 치마를 입어야 한다는 기준도 없다. 그래서 어딘가에 100점짜리 답안지가 존재하는 것처럼, 금을 밟으면 탈락이라도 하는 것처럼 정해진 선 안에 색을 꽉 채운 그림을 잘 그렸다고 말하고 싶지 않다. 그런 기준이라면 모네와 윌리엄 터너, 잭슨 폴록의 그림을 명화라고 할 수 없을 테니까.

나는 아이에게 자유롭고 아름다운 화가들의 그림을 보여 주었다. 색이 섞이고, 번지고, 흩뿌려지면서 만드는 아름다움을 전 세계 사람들이 얼마나 좋아하는지도 알려 주었다. 반듯반듯하게 색이 꽉 찬 그림을 좋아하는 사람도 있지만 그렇지 않은 사람들도 있다고 말해 주었다.

"그림에 정답은 없는 거야."

언제부턴가 자기만의 기준을 세우기 시작한 아이는 알 듯 말 듯한 표정을 지었다. 아이의 표정을 보니 어쩌면 이 이야기를 백 번이고 천 번이고 끊임없이 해 줘야 할지도 모르겠다. 지치지 말고, 계속해서 말해 줘야지.

"엄마는 한 칸에 한 가지 색깔이 빽빽하게 칠해져 있는 게 조금 심심해."

"왜? 색깔이 많이 없어서?"

"응. 혼자 있는 것보단 여럿이 모여서 놀면 더 재밌잖아. 그래서 다른 친구들이 놀러 올 수 있는 네 그림이 더 좋아."

아이의 그림이 더 좋은 이유를 끊임없이 발견하고 또 표현해 주자. 세상 모든 아이가 극사실주의 화가가 될 필요는 없다. 간들간들한 모양도, 숭숭한 색깔도, 삐뚤빼뚤한 색도, 시원시원한 느낌도 모두 멋지다.

고흐가 눈사람을 그린다면

에이미 뉴볼드 글, 그레그 뉴볼드 그림, 김하현 옮김, 위즈덤하우스

'이 화가가 눈사람을 그린다면 어떨까?'라는 질문에서 시작된 그림책이다. 세계적으로 유명한 17명의 화가들이 눈사람을 어떻게 그렸을지 상상하며 화가의 개성과 표현 기법이 잘 드러난 눈사람 그림을 소개한다. 아이들에게 표현에 정답은 없다는 걸 재치 있게 보여 주는 책으로, 나만의 눈사람을 그리고 싶어진다.

어휘력을 키워 주는 그림책 속 한 문장

"빈센트 반 고흐의 눈사람은 너울대는 언덕 위에서 소용돌이처럼 굽이쳐요."

화가의 표현 방식과 두드러지는 특징을 한 문장으로 표현하고 있다. 고흐의 그림뿐 아니라 보드랍고 포근한 조각 이불을 두른 클림트의 눈사람이나 눈보라에 휩싸인 윌리엄 터너의 눈사람 등 화가의 그림을 읽어 주는 표현법을 눈여겨보자. 아이의 그림을 읽어 줄 때 많은 도움이 된다.

아이와 재미있게 그림책을 보는 팁

그림책 속 화가의 눈사람들을 감상하며 "우아, 이 화가 그림 진짜 잘 그렸다. 멋지다. 대단하다." 같은 추임새는 생략하자. 우리는 지금 잘 묘사된, 테크닉이 뛰어난 그림을 감상하는 게 아니라 작가만의 '개성'을 감상하는 시간임을 잊어서는 안 되겠다.

"엄마는 진짜 못했어"
아이의 실수를 다독이는 말

한참 색종이를 오리며 놀던 아이가 갑자기 흐느껴 울기 시작했다. 한참 동안 색종이 한 장을 가지고 꼼지락거리고 있었는데 뭐가 잘 안 된 모양이다.

"왜? 잘 안 돼?"

무엇이 잘 안 되는지를 물어도 아이는 울기만 했다. 아이가 오리다 던져 버린 색종이를 살펴보았다. 오리고 싶은 모양을 펜으로 그리고 선을 따라 오렸는데, 중간에 모양이 어려웠는지 한쪽이 쭉 찢어져 있었다.

"이만큼이나 오린 거야? 대단하다. 엄마가 다섯 살 때는 가위질 정말 못했는데. 다섯 살이 이만큼이나 오렸다고? 근데 나머지가 잘 안 되서 속상했구나. 다시 천천히 해 볼까?"

아이의 울음이 점점 잦아들었다.

"라떼는 말이야."라는 말이 한동안 크게 유행했다. 기성세대가 젊은 세대에게 "나 때는 말이야." 하며 무용담을 늘어놓는 걸 비꼬는 말인데, 나는 아이에게 이와 비슷한 말을 무척 자주 사용했다.

"엄마가 네 살 때는 말이야 이런 거 진짜 몰랐어. 엄마 다섯 살 때는 이렇게 해 볼 생각도 못했는데. 엄마 여섯 살 때는 사실 할머니가 도와줬어." 하는 식으로 말이다. 누가 봐도 아이에게 나를 자랑하거나 무언가가 못마땅해서 혀를 차기 위해 사용한 말은 절대 아니다. 아이가 지금 도전하고 있는 일들이 모두 자연스러운 것이고 누구나 겪는 일이라는 걸 알려 주기 위해서 나의 부족하고 어설펐던 어린 시절을 자꾸만 소환하게 된다. 자신의 눈에 완벽해 보이는 엄마도 가위질을 못했던 시기가 있었다는 말 한마디에 아이의 울음이 뚝 그치니, 실수했던 일, 잘못했던 일을 끄집어 내도 전혀 부끄럽지 않다.

"엄마는 이거 못했어?"

"그럼, 진짜 못했어."

"근데 지금은 왜 이렇게 잘해?"

"연습했지. 처음엔 엄청 어렵더라. 자꾸 찢어지고, 손도 아프고, 삐뚤빼뚤하고 말이야. 근데 계속계속 연습하다 보니까 조금씩 잘하게 되더라고. 근데 엄마는 여섯 살 때부터 했거든? 넌 엄

엄마의 어휘력

마보다 훨씬 먼저 시작했으니까 나중엔 더 잘할 거야. 그때 엄마 좀 알려 줘."

아이는 그때가 되면 엄마도 더 잘하게 될 거라며 으스댔다. 언제 울었나 싶게 말이다.

아이가 실수를 하거나 실패를 했을 때 크게 낙심하는 경우가 있다. 마치 다시는 이 일을 해내지 못할 것처럼 말이다. 그럴 때 필요한 건 다시 시도해 볼 '동기'다. 욕구불만에서 비롯된 실망이니 욕구를 채워 주면 된다. 엄마를 이용해 어깨를 으쓱하게, 조금은 잘난 척을 할 수 있도록 도와주면서 말이다.

이 순간 필요한 건 유창한 엄마의 말이 아니다. 엄마의 실패담과 더불어 "연습해 보자. 다시 해 볼까? 다른 방법은 어때? 정말 멋진 생각을 했구나." 같은 용기와 격려의 말들이다. 그리고 무엇보다 재촉하지 않고, 대신 해 주지 않고, 끝까지 기다려 주는 자세가 중요하다.

끈기 있게 도전하기를 즐겨하는 아이에게 필요한 응원은 '언젠가 너는 꼭 해낼 거야.'라는 믿음을 눈빛과 표정으로 그리고 기다림으로 보여 주는 것이다.

그런데 모든 아이에게 이런 방식의 응원이 적합하지는 않다. 두 살 터울의 이종사촌 지간인 우리 집안의 두 아이만 봐도 확실히 알 수 있다. 두 아이의 기질은 정말 판이하게 다른데, 새로운 미술 재료를 똑같이 앞에 내놓았을 때만 봐도 쉽게 알 수 있다.

"이게 뭐예요?" 하고 물어본 후에도 "네 거야. 만져도 괜찮아." 라고 누군가 말하지 않으면 절대 만지지 않고 물끄러미 재료를 바라보는 아이는 내 아들이다. 색종이를 붙들고 울던 네 살 때나 일곱 살이 된 지금이나 한결같이 새로운 자극 앞에선 늘 조심스럽다. 하지만 올해 다섯 살이 된 조카는 무조건 일단 만지고 본다. 흔들고 던져 본다. 어른들이 "그거 네 거야."라고 말할 새도 없이 아이는 이미 재료를 탐색 중이다.

두 아이가 새로운 미술 재료의 탐색을 끝내고 무언가를 만들기 시작했다. 아주 천천히 조심스럽게 재료를 탐색한 아들은 처음에는 매우 소극적으로 만들기를 시작한다. 실수하지 않기 위해 자신이 진짜 만들고 싶은 것보다는 작은 목표를 세워 두고 여러 방식을 고민한다. 때문에 속도가 매우 느리다. 그걸 채근하거나 답답해 하면 아이는 주눅이 들기 때문에 나는 아이에게 "기다릴게. 너 하고 싶은 만큼 해도 괜찮아."라는 말을 주로 했다. 전부터 늘 써 왔던 응원의 방식이다.

그런데 호기심 왕성한 조카는 일단 뭐든지 크게 시작해야 한다. 주저함이 없고 과감하기 때문에 재료도 엄청 많이 들어간다. 다른 사람들보다 눈에 띄어야 하기 때문에 만드는 내내 표현도 매우 크다. 자신감이 넘치고 매우 열정적이다. 그런데 문제는 아직 섬세하지 못하다는 것이다. 그러다 보니 원하는 모양이 제대로 만들어지지 않는 경우가 많다. 목표와 기대는 큰데 자신의 능력이 아직 거기에 미치지 못하니 자꾸만 실수를 한다. 옆을 보면 형이 만드는 것은 진짜 같고 더 멋있어 보인다. 그런데 내가 만든 건 자꾸만 부서지고 쓰러진다. 아이는 즉각 반응한다. 화를 내고 울음을 터뜨린다. 그리고 이내 흥미를 잃는다. 그런 아이에게 내 아들에게 했던 응원의 방식을 적용하여 "기다릴게. 끝까지 해 봐. 하고 싶은 만큼 해 봐."라고 아무리 말해 봤자 별 의미가 없다. 이미 아이는 더 이상 하고 싶지 않기 때문이다.

나는 조카의 성향과 기질을 관찰하며 조카만을 위한 맞춤형 응원 구호 몇 개를 만들어 냈다. 먼저 아이가 실수를 했을 때다. 화가 나 자기가 애써 만든 작품을 망가뜨리는 경우가 왕왕 있다. 그럴 때는 얼른 두 팔을 교차해 자신의 몸을 감싸고 토닥이게 한다. 그리고 함께 외친다. "괜찮아! 멋있어!"라고 말이다. 그러고 나서 오른팔을 쭉 뻗으며 다시 한 번 큰소리로 외친다.

"할 수 있다!"

'무엇이든 도전하는 너는 정말 멋있어! 가능성이 충분해!'라는 메시지를 담아 목청껏 응원 구호를 조카에게 외쳐 준다. 그러면 조카는 "멋있어. 멋있어."를 몇 번 더 중얼거리고는 다시 자신의 작품에 도전한다. 조용히 기다리기보단 기운을 몰아 주고 응원을 해 줘야 더욱 힘이 나는 아이다.

두 번째 응원은 "방법은 다양해!"다. 도전에 적극적인 만큼 포기도 빠른 아이의 성향상 문제를 해결하는 데에 여러 방법이 존재한다는 걸 가르쳐 주고 싶었다. 한 가지 방법을 끝까지 파고들도록 격려하기보다는 다양한 방법을 시도하며 창의성을 발휘할 수 있도록 아이를 격려했다.

이 밖에도 "생각이 최고야!", "네 살 중에 최고야!" 같은 간단한 응원 구호를 아이에게 많이 외쳐 주었는데, 주목 받기를 좋아하는 조카에게 이모의 씩씩한 응원 구호는 제법 효과가 좋았다. 분명 내 아이라면 쑥스러워 도망갈 게 분명한 응원들인데 말이다. 자기 건 안 멋있다고 화내며 울다가도 씨익 눈물을 닦고 "멋있어!"를 외치는 조카가 나는 참 재미있고 귀엽다. 녀석이 나중에 결혼할 때도 큰소리로 멋있다고 외쳐 줘야지.

○ 함께 보면 좋은 그림책

아름다운 실수
코리나 루켄 글·그림, 김세실 옮김, 나는별

이 책의 작가는 한 인터뷰에서 다음과 같이 말했다.
"『아름다운 실수』는 새로운 지각과 가능성에 관한 책이지요. 나는 독자에게 이런 질문을 하고 싶었나 봅니다. '너는 스스로를 어떻게 생각하니? 다른 사람들의 결점과 실수를 보니? 가능성을 보니? 아니면 그 둘을 보니? 실수에서 변화가 일어나려면 어떻게 해야 할까?'"

작가는 실수란 실패가 아니라 위대한 생각의 씨앗이자 또 다른 가능성임을 이야기하면서 그 과정을 아름다운 그림을 통해 보여 준다.

어휘력을 키워 주는 그림책 속 한 문장

"하지만 롤러스케이트를 신기면? 보세요! 이 생각은 실수가 아니에요."

실수로 그린 그림이 또 다른 그림의 힌트가 되는 모습을 만날 수 있다. 아이가 그림을 그리다 틀렸다고 투정을 부릴 때면, 책 속 문장처럼 "이렇게 하면? 봐! 이 생각은 실수가 아니야!"라고 말해 주자. 엄마의 상상력을 마음껏 발휘하며 말이다.

아이와 재미있게 그림책을 보는 팁

『아름다운 실수』와 같은 제목의 『Beautiful Oops!』라는 외국 도서가 있다. 이 책은 그야말로 실수들이 왜 아름다운지를 잘 보여 준다. 매 장면마다 실제 책의 일부가 찢어지고, 접혀 있고, 낙서가 되어 있는데 이런 실수들이 아주 유연하고 재치 있게 전체 그림과 조화를 이룬다. 이런 책들은 읽는 재미도 있지만 책을 참고로 삼아 미술 놀이로 활용해도 유용하다. 엄마가 "이런! 실수야!" 하고 외치며 낙서를 하면 아이가 그 선을 활용해 연상되는 것들을 그려 보는 방식이다. 간단한 연상 놀이로 종이와 펜만 준비되면 어디서든 할 수 있다.

마음 약국에서 토닥토닥,
아이의 정서 연료

잠자리에 누운 아이가 훌쩍거리기 시작했다. 깜짝 놀라 아이를 안아 주며 이유를 물었다. 아이는 갑자기 슬픈 생각이 났는데 말하고 싶지 않다고 했다.

"그래, 알았어. 대신 엄마가 꼭 안아 줄게. 말하고 싶을 때 말해도 돼."

궁금했지만 아이를 채근하지 않고 기다리는 쪽을 택했다. 잠시 후 아이가 슬쩍 말을 꺼냈다.

"엄마, 내가 어른이 되도 양양이랑 헤어지고 싶지 않아."

양양이는 아이의 애착 인형이다. 양양이는 다른 때에는 그냥 보통의 인형이지만 잠자리에서 만큼은 아이의 특별한 친구였다.

품 안에 인형을 꼭 안아야만 안심을 했고, 아침에 눈을 뜨자마자 더듬더듬 인형을 찾아 잘 잤냐고 인사를 건넸다. 종종 무서운 꿈을 꿀 때면 양양이가 곁에서 지켜 줄 거라고 이야기했더니 아이는 정말 인형에 의지해 무서운 밤을 이겨 내는 듯했다. 인형이 아니라 수호천사인 셈이었다. 이런 각별한 인형과 갑자기 헤어질 생각을 하니 무섭고 두려운 감정이 들어 울음이 터진 것이다.

"괜찮아. 그때도 양양이는 곁에 있을 수 있어."

"아니야. 양양이를 잃어버릴 거 같아. 어른들은 원래 그렇다고 엄마가 그랬잖아."

아, 그랬다. 잘 까먹고 잘 잊는 게 어른이라고 내 입으로 말해 버렸던 적이 있다. 아이는 그걸 기억하고, 자신의 가장 소중한 유년 시절을 잃어버릴까 봐 문득 겁이 났던 것이었다. 수습이 필요했다.

"잘 잃어버리는 대신에 어른들은 마음 약국을 하나씩 가지고 있어. 몸이 아프면 약을 사 먹듯이 마음이 아플 때 가는 곳이야. 힘들 때, 슬플 때, 피곤할 때, 외로울 때 마음 약국에 가서 어렸을 적 제일 사랑했던 인형도 찾아보고, 좋아했던 책도 꺼내 봐. 마음 약국에는 생각만 해도 기분 좋은 것들이 차곡차곡 쌓여 있어."

"나도 마음 약국이 생겨?"

"그럼. 당연하지. 양양이랑, 패딩턴, 할아버지가 사 준 양파링, 엄마랑 로봇 박물관 간 거, 아빠랑 게임한 거. 다 마음 약국에서 다시 찾을 수 있어. 그러니까 걱정하지 마."

아이와 함께 마음 약국에서 찾을 수 있는 것들을 하나하나 꼽아 보았다. 기분 좋은 것, 매우 소중한 것, 정말정말 사랑하는 것 등등을 말이다. 그제야 아이는 안심하는 것 같았다.

심리학 연구에 따르면 유아기의 기억은 '암묵 기억'으로, 무의식에 남아 있을 뿐 사라지지 않는다고 한다. 유년 시절의 행복한 기억이 성인의 스트레스 완화와 심리적 안정에 도움이 된다는 연구 결과도 있다. 아이의 마음에 과거의 행복한 경험들이 줄줄이 연결될 때 행복한 어른으로 성장할 가능성이 높아진다는 얘기다.

아이가 성인이 되었을 때를 상상해 본다. 바쁜 하루를 끝내고 집에 돌아와 문득 외로움을 느낄 수도 있다. 불안과 초조함으로 유독 밤이 길게 느껴지는 날이 올 수도 있다. 그런 날 아이가 꼭 안고 자던 애착 인형의 촉감, 엄마가 불러 주던 자장가 멜로디, 아빠가 읽어 주던 동화책 속 모험담을 꺼내 보았으면 좋겠다. 기억의 저편에서 기분 좋은 냄새와 평온함, 따뜻함과 포만감이 아이의 현재를 토닥거렸으면 좋겠다.

그래서 나는 이미 해질 대로 해진 애착 인형이지만 아이와 억지로 분리하지 않는다. 되도록 오랫동안 아이에게 자장가를 들려주고 동화책을 읽어 주고 싶다. 마음 약국에서 아이가 꺼낼 수 있는 마음의 비타민들이 가득가득하길 바란다.

◎ "힘들 때, 슬플 때, 외로울 때
마음 약국에 가서
어릴 적 제일 사랑했던 것들을 꺼내 봐."

오늘아, 안녕

김유진 글, 서현 그림, 창비

주인공 '토닥이'는 밤마다 아이의 하루를 물어보고, 혹시 속상한 일이 있다면 마음을 알아주고, 편안하게 잘 수 있도록 토닥토 닥 어루만져 주는 소중한 친구다. 아이는 토닥이와의 대화를 통 해 오늘 하루를 마감하고 내일을 준비한다. 토닥이의 정체는 무 얼까? 책 말미에 등장하는 아빠의 모습에 책을 보는 아이와 부 모 모두 흐뭇한 미소를 짓게 된다.

어휘력을 키워 주는 그림책 속 한 문장

"우아, 난 벌레 정말 무서운데."

유치원에서 바깥 놀이를 나갔다 벌레를 만난 아이는 두 손으로 얼굴을 감싸고 벌벌 떨었지만 토닥이에겐 별로 무섭지 않았다고 허풍을 떤다. 그런 아이에게 "너 정말 대단하다!"라는 뉘앙스로 난 벌레가 무섭다고 고백하는 아빠의 모습이 정말! 멋지다는 생 각이 든다. 부모라고 아이에게 뭐든지 다 잘하고 대단해 보여야 하는 건 아니다. 때로는 이런 고백이 아이에게 백 마디 말보다 더 큰 위로와 용기가 된다.

아이와 재미있게 그림책을 보는 팁

『오늘아, 안녕』은 『토닥토닥 잠자리 그림책 시리즈』 중 한 권이 다. 시리즈의 다른 도서 『밤 기차를 타고』, 『이불을 덮기 전에』도토닥이의 이야기다. 이왕 토닥이가 아빠의 손이라는 비밀이 밝혀졌으니 이 책들은 아빠와 아이가 함께 보는 잠자리 그림책으로 지정해 놓으면 어떨까?

"우리에겐 '멋지다'가 들어 있어!"
언제든 긍정을 불러일으키는 말

손꼽아 기다리고 기다리던 책이 도착하자마자 아이와 함께 바로 책을 펼쳤다. 본문을 읽을 필요도 없었다. 책날개에 쓰여 있는 단 두 문장으로도 충분했다.

"나에게도, 너에게도, 우리 모두에겐 '멋지다'가 들어 있어. 마음속에도 몸속에도 가득, 한가득 들어 있어."

문장을 읽자마자 아이가 즉각 반응을 했다.

"엄마, 나도 멋져?"

"그럼, 이야기를 좋아하는 다섯 살은 정말 멋지지."

"엄마도 멋져. 이야기를 잘 읽어 줘서 멋져."

책에서는 저마다 멋짐에 대해 재치 있게 이야기하는데, 그 멋짐이 우리가 생각하는 통상적인 멋짐과는 거리가 있다. 우주의 블랙홀 같은 콧구멍이 멋지고, 물을 몇 번이나 내려도 안 내려가는 굵은 똥이 멋지다. 넘어진 덕분에 벌레를 발견한 일이 멋지고, 선뜩하고 촉촉하고 부드러운 느낌을 알게 해 준 맨발이 멋지다. 책에 따르면 이 세상에 정말 멋지지 않은 일은 없고, 또 멋짐을 가지고 있지 않은 사람도 없다.

"우리 집에도 진짜 멋진 굵은 똥 싸는 사람 있는데."
내가 장난스럽게 말하자 아이가 키득거리며 손을 들었다.
"나!"
"오! 멋짐 하나 획득!"
'멋지다'는 아이의 일상을 즐겁게 하는 정말 멋진 마법이 되었다. 코에서 왕 코딱지가 나온 건 시원해서 멋지고, 밥을 남기지 않고 싹싹 긁어 먹은 건 배가 볼록해져서 멋졌다. 머리에서 냄새가 나는 건 곧 거품 목욕을 해야 한다는 신호여서 멋지고, 예방 주사를 맞은 건 좋아하는 뽀로로 밴드를 붙일 수 있어서 멋졌다. 아직 글씨를 모르는 건 그림을 자세히 볼 수 있어서 멋졌다. 또 아직 키가 작은 건 그만큼 클 수 있는 키가 많이 남아서 멋졌다.

하기 싫은 일도, 조금 불편한 일도, 마음이 상할 수 있는 일도 모두 멋진 일이 될 수 있으니, 그야말로 멋졌다.

'멋지다'는 '보기에 좋다'라는 뜻을 가진 형용사다. 굳이 뜻풀이를 하지 않아도 '멋지다'라는 말을 모르는 어른이 있을까? 그런데 '멋지다'라는 말을 정말 멋지게 쓰는 어른은 몇이나 될까?

책을 쓴 작가 쓰쓰이 도모미는 어린 시절 매우 마르고 비실비실한 아이여서 자주 아팠고 달리기는 늘 꼴찌였다고 한다. 그래서 늘 창피했고 축 늘어져 있었는데 어느 날 문득 자신이 할 수 있는 걸 해 보자고 생각했단다. 그렇게 시작한 게 엄마의 요리를 돕는 일이었다. 그녀는 비 오는 날 엄마와 함께 만든 도넛과 푸딩이 정말 '멋지다!'였다고 말한다.

그 '멋지다'를 발견하지 못했다면 그녀의 유년기는 어땠을까? 아마도 그녀의 마음은 축 늘어져 있다가 말라 시들어 버리진 않았을까? 하지만 작가는 정말 다행히, 첫 번째 멋짐을 발견한 이후 점점 더 많은 멋짐이 자신에게, 그리고 자신의 주변에 있음을 알게 되었다.

멋짐은 별 게 아니다. 마음먹기에 따라 얼마든지 발견할 수 있다. 똥과 코딱지도 멋질 수 있으니 말이다. 아이들에게 넘어지는 실패도 멋질 수 있고, 맨발로 걷는 작은 행동도 멋질 수 있다고 말해 주는 멋진 어른이 정말 많았으면 좋겠다. 하루에 하나씩 아이의 멋짐을 발견해 보자.

참! 이 멋진 말을 우리에게 알려 준 고마운 책은 『멋지다!』다.

다니엘의 멋진 날

미카 아처 글·그림, 이상희 옮김, 비룡소

할머니 집에 가는 다니엘에게 동네 이웃이 멋진 날을 보내라는 인사를 건네자 아이는 '멋진 날'이란 무엇일까 궁금증이 생긴다. 그래서 만나는 사람마다 당신의 멋진 날은 무엇이냐 묻는데, 그들의 대답이 한결같이 정말 멋지다! 소소한 일상 속에서 행복을 찾고 즐거움을 찾는 우리 이웃들의 모습이 바로 나와 우리 아이들의 모습 같다. 이 책을 읽고 나면 '이런 멋진 책을 읽다니 오늘은 정말 멋진 날이야!'라는 생각이 든다.

어휘력을 키워 주는 그림책 속 한 문장

"나의 멋진 날은 우리 다니엘이 할머니를 꼭 안아 주는 날이란다!"

책을 읽고 난 뒤 아이를 꼭 끌어안자. 그리고 위의 문장을 그대로 응용하자. "엄마의 멋진 날은 너를 꼭 안고 있는 지금 이 순간이야."라고 말이다. 이 외에도 공원 벤치에 그늘이 잘 드는 날, 아기가 쌔근쌔근 오래 자는 날, 승객들이 고맙다고 인사하는 날 등 다양한 멋진 날의 예가 많이 나오니 마음껏 응용해서 그냥 하루하루가 아닌 '멋진 날'로 일상을 바꿔 보자.

아이와 재미있게 그림책을 보는 팁

김완기 작사, 장지원 작곡의 동요 〈참 좋은 말〉을 아이가 유치원에서 배워 와 한동안 매일같이 흥얼거렸다. 우리 가족이 서로 주고받은 '사랑해' 한 마디가 온종일 나를 신이 나게 하고 콩닥콩닥 가슴 뛰게 한다는 노랫말이 참 예쁘고 기분 좋은 동요다. 『다니엘의 멋진 날』과 정말 잘 어울리는 노래가 아닌가 싶다. 아이와 함께 목청껏 신나게 불러 보자.

"엄마도 화가 나!"
서로에게 도움이 되는 부모의 감정 표현

2020년은 한 마디로 코로나의 해였다. 아무도 예상하지 못한 역병은 그야말로 우리의 삶을 송두리째 바꾸어 놓았다. 모두들 힘든 해였겠지만 아이를 키우는 부모들의 걱정은 말로 표현하기 어려울 만큼의 크기였을 테다.

확진자가 급증하던 어느 날, 일주일 넘게 집 안에 콕 박혀 자발적 자가 격리를 하고 있자니 어른도, 아이도 모두 몸과 마음이 지친 상태였다. 아이가 놀이터에 가고 싶다 떼를 쓰는 통에 창밖으로 사람들이 없는지 확인을 한 후 눈치 게임 하듯 잠시 아파트 놀이터에 온 가족이 함께 내려갔다. 그때 마스크를 하지 않은 성인 남자 하나가 우리 곁을 스쳐 지나갔다.

혹시나 하는 불안과 '왜 피해를 주지?' 하는 미움이 뒤섞였다.

"집에 다시 가자."

거칠게 아이 손을 이끌며 말했다. 아이는 영문도 모른 채 내 눈치를 살폈다.

집에 돌아와서도 화가 누그러지지 않았다. 이 모든 상황이 억울했다고 해야 하나. 괜스레 아이에게 퉁명스럽게 말을 했다.

"우리 밖에 나가면 안 돼. 놀이터 가고 싶어도 참아!"

그 순간 아이 눈에서 눈물이 주르륵 흘렀다.

"엄마, 미안해요."

아, 이건 아닌데. 아이 잘못이 아닌데. 내 안의 감정을 채 이기지 못하고 아이에게 화풀이를 한 것이다. 울먹이는 아이를 보며 나도 울었다. 이거 정말 우리 잘못 아닌데.

그날 밤 나는 아이를 꼭 끌어안고 지금의 내 감정을 아이에게 말해 주었다.

"엄마가 미안해. 사실은 너한테 화난 거 아닌데, 엄마가 짜증을 냈어."

"알아. 할아버지가 마스크 안 써서 화났잖아. 코로나 때문에 엄마가 사람들을 미워하지."

"맞아. 엄마는 요즘 화가 많이 나 있어. 화산이 폭발하는 것처럼 엄마 속도 부글부글 끓고 있는 것 같아. 왜냐면 엄마는 모두가 약속을 잘 지켜서 빨리 코로나가 사라졌으면 좋겠거든. 그래서 너희가 마스크 안 쓰고 예전처럼 신나게 놀이터에서 놀았으면 좋겠어. 어린이들도 모두 약속을 지키는데, 가끔 불편하다고 자기는 괜찮을 거라고 마스크도 안 쓰고 멋대로 행동하는 어른들을 보면 정말 너무 화가 나. 억울한 마음도 들어. 우리는 아무 잘못 안 했는데. 그리고 얼마나 더 참고 기다려야 할까, 무섭기도 해."

"엄마도 코로나가 무서워?"

"응, 무서워. 그래서 다 같이 약속을 지켰으면 좋겠어. 어린이들도 어른들도. 모두 다."

"아, 엄마도 무섭구나. 나도 코로나 무서운데."

"우리는 마스크도 잘 쓰고 손도 잘 씻고, 놀고 싶어도 참고 집에 있으니까 괜찮을 거야."

"맞아, 엄마. 괜찮을 거야."

우리는 각자 가지고 있는 두려움을 꺼내 보았다. 그러고 나서 이유 없이 화내지 않기로 약속했다. 잘 버티자고 이야기했다. 아이도, 어른도 같은 마음을 느낀다는 걸, 아이에게 말해 주었다.

아이에게 감정을 숨기고 어른다움을 보여 줘야 한다고 생각하는 사람들도 많을 것이다. 어른이 불안해 하면 아이는 더 큰 불안을 느낄 거라고. 하지만 불안을 숨기느라 아이의 마음을 보지 못할 수도 있다. 그보다는 한 단어 한 단어 엄마의 감정을 차근차근 이야기해 주자. 그러면 아이도 엄마의 감정을 수용한다. 그리고 반가워한다. 아, 엄마도 나와 같구나. 화를 낼 수도 있는 거구나. 슬퍼할 수도 있는 거구나. 기쁨은 저렇게 표현하는 거구나. 감정을 어떻게 표현하는지, 어떻게 누릴 수 있는지를 엄마의 감정 표현을 통해 아이는 배운다.

나의 감정을 표현한다는 건 내가 지금 어떤 상황인지를 스스로 잘 인지하고, 또 건강하게 수습할 수도 있다는 말과 같다. 그런데 많은 엄마들이 아이 앞에서는 부정적 감정을 숨기고 긍정적 감정만 드러내야 한다고 생각하는 것 같다. 하지만 사람은 누구나 부정적 감정을 느낀다. 그것은 지극히 자연스러운 일이다. 자연스럽게 나의 감정을 표현하고 수용하자. 그렇게 튼튼한 마음을 만들자. 그래야 아이의 다양한 감정도 건강하게 지켜 줄 수 있다.

하지만 내 감정을 표현하는 것과 아이에게 짜증을 내는 일은 엄연히 다르다. 절대 헷갈려서는 안 되겠다. 그림책에서 한 아이가 화산이 부글부글 끓을 만큼 화가 난다고 소리치는 장면을 아이와 함께 본 적이 있다.

"엄마도 짜증날 때 소리치는데."라고 아이가 말했다. 순간 어찌나 얼굴이 화끈거리던지. 그건 짜증이 아니라 화가 난 거였다고 반박하고 싶었으나 그냥 쿨하게 사과를 했다. 아이는 괜찮다고 다음부터는 그러지 말라고 나의 사과를 받아주었다.

엄마와 아이는 그렇게 서로를 이해하고, 서로의 마음을 보듬는다.

눈물바다

서현 글·그림, 사계절

주인공 아이는 아침부터 저녁까지 내내 억울하고 짜증 나고 화나는 일을 겪는다. 아침부터 시험에, 맛없는 급식에, 오후 수업 시간에는 잘못도 없이 선생님께 혼나기까지 한다. 혼나고 오해받아 서럽다. 정말 운이 없어도 너무 없는 날이다. 그래서 아이는 운다. 훌쩍훌쩍! 그런데 어찌나 많이 울었던지 홍수가 나고만다. 아이의 눈앞에 눈물바다가 펼쳐졌다. 눈물 때문에 홍수가 나고 홍수 속에 억울한 것들이 모두 쓸려 내려간 모습이 정말 최고 중의 최고다! 무엇보다 눈물바다라는 말이 참 좋다. 부정적으로 느껴지기보다는 울어도 된다고, 펑펑 울어 보라고, 얼마나 시원한지 모른다고 말을 건네는 것 같다. 엄마들도 울고 싶은 날엔 눈물바다에서 신나게 수영을 즐겨 보자.

어휘력을 키워 주는 그림책 속 한 문장

"공룡 두 마리가 싸운다."

부부싸움을 하는 엄마와 아빠의 모습을 묘사한 아이의 한 문장이다. 공룡 두 마리라니! 정말 아이 눈엔 그렇게 보이겠지 싶어 뜨끔하다. 슬쩍 "엄마도 공룡으로 변할 때 있어?" 하고 물어보자. 당연히 아이가 어떤 대답을 해도 화내지 않겠다는 다짐을 하고 말이다.

책의 클라이맥스 부분은 단연 양쪽 접지를 펼치면 드넓게 펼쳐지는 눈물바다의 모습이다. 바다에 몸을 던지는 심청이, 용궁에 가는 토끼와 자라, 때 밀며 목욕하는 선녀, 헤엄치는 인어공주, 스파이더맨, 피노키오 등 익숙한 캐릭터들의 익살스런 모습을 찾는 재미를 놓치지 말자. 폭풍우 이는 눈물바다의 한복판에서 마음껏 놀며 카타르시스를 느껴 보자. 그러고 나면 한결 개운해진, 편안한 마음으로 그림책을 덮을 수 있다. 정말 영리한 구성이다.

슬픔을 치료하는 책,
아이의 마음을 달래는 비법

"엄마, 할머니 보고 싶어."

"엄마도 할머니 보고 싶다. 영상 통화할까?"

"아니, 가짜로 말고 진짜로 보고 싶어. 으앙."

코로나 대유행이 길어지면서 지방에 사시는 부모님을 꽤 오랫동안 만나지 못했다. 수도권의 감염세가 워낙 심각했기에, 혹시 모르니 당분간은 보고 싶어도 참고 각자 조심하자며 만남을 자제하며 지낸 지가 벌써 몇 달째였다. 할머니가 보고 싶다며 우는 아이를 보니 마음이 착잡했다. 마냥 참으라고, 어쩔 수 없다고 이해시키기엔 어른인 나에게도 힘든 시간이었기에 아이를 잘 위로해 주고 싶었다.

카런 케이츠가 글을 쓰고, 웬디 앤더슨 홀퍼린이 그림을 그린 『슬픔을 치료해 주는 비밀 책』이 생각났다. 제목도 제목이지만 부제가 무척 멋진데, '어린이에게 마음의 평화를 주는 이야기'란다. 방학 동안 제인 이모네 집에서 지내기로 한 롤리. 처음 떠날 때만 해도 무척 기쁘고 설렜던 롤리는 막상 엄마, 아빠와 헤어지고 나니 왠지 모르게 슬퍼진다. 그런 아이에게 제인 이모는 왜 슬프냐고 묻는 대신 『슬픔을 치료해 주는 비밀 책』을 건넨다. 책에서 지시하는 처방을 하나하나 따라 하면서 롤리는 자기도 모르게 깊은 위로를 받게 된다.

처방에 따르면 사과나무의 맛까지 느끼며 사과 주스 한 잔을 천천히 마셔야 하고, 좋은 땅에 씨앗을 심어야 한다. 가능한 먼 곳까지 걸어야 하고, 동물에게 먹이도 줘야 한다. 사랑하는 사람에게 용기를 주는 편지도 쓰고, 제일 좋아하는 책을 조용하고 평화롭게 읽어야 한다. 그리고 마지막으로 멋진 일을 하는 내 모습을 생각해야 한다.

그런데 이 처방이 정말 마법의 묘약 같다! 실제로 따라 하지 않았는데도 책을 읽는 것만으로도 '정말 이렇게 하면 슬픔이 조금은 사라질 거 같아.'라는 생각이 들기 때문이다.

"우리도 슬픔을 치료하는 책의 처방을 따라해 볼까?"
"이건 롤리의 슬픔을 없애 주는 책이잖아."
"그러니까 우리만의 책을 만들면 되지. 그리고 우리의 마음이 좋아지는 일들을 꼽아 보는 거야. 일단 첫 번째 처방은 냉장고 문을 열고 가장 맛있는 걸 골라 먹는다. 어때? 아이스크림이 남아 있는 것 같던데."

아이스크림이란 말에 아이가 미소를 지었다. 우리는 아빠가 초인종을 누를 때까지 책의 처방을 모두 따라야 효과가 있다는 조건도 내세웠다. 처방은 나와 아이의 아이디어가 반반씩 섞여 있다. 한마디로 우리는 공동 저자인 셈인데, 그 내용을 소개하면 다음과 같다.

첫 번째 처방, 냉장고 문을 열고 가장 맛있는 걸 골라 먹어요. (아이스크림이 있는 냉동실도 꼭 열어 보세요.)

두 번째 처방, 화분에 물을 줘요. 식물들의 생김새를 하나하나 살펴보면서요.

세 번째 처방, 놀이터에 다녀와요. 엄마는 그네를 아주 세게 밀어 줘야 해요.

네 번째 처방, 놀이터에서 곧장 집으로 돌아오지 말고, 마트에 들러 잘 익은 과일을 사요. (노란 수박이 있으면 꼭 사요.)

다섯 번째 처방, 할머니에게 그림 편지를 써요. 선물도 만들어요.

여섯 번째 처방, 롤리가 했던 것처럼 제일 좋아하는 책을 조용하고 평화롭게 읽어요.

일곱 번째 처방, 서로를 꼬옥 안아 줘요. 아빠가 돌아오면 아빠도 힘껏 안아 줘요. 그리고 서로서로 사랑한다고 말해요.

슬픔을 치료하는 책의 처방은 훌륭했다. 할머니는 여전히 보고 싶지만 그래도 아이는 처방을 실천하는 중간중간 크게 웃었고, 그런 아이를 보며 나도 무척 기뻤기 때문이다.

우리 집만의 슬픔을 치료하는 책을 꼭 만들어 두자. 어쩌면 그 책의 제목은『행복이 샘솟는 책』일지도 모르겠다.

○ 함께 보면 좋은 그림책

소피가 화나면, 정말 정말 화나면
몰리 뱅 글·그림, 박수현 그림, 책읽는곰

주인공 소녀 소피는 언니와 엄마 때문에 화가 단단히 났다. 언니가 자신의 인형을 빼앗아 간 것도 모자라 엄마가 언니 편을 들었기 때문이다. 소피는 소리를 지르고 발을 구르며 화를 낸다. 중요한 건 다음이다. 가슴이 터져버릴 듯 화가 난 이 감정을 어떻게 수습하면 좋을까? 이 책은 화가 난 아이를 마음을 알아주고 그 마음을 다독이는 과정에서 감정을 어떻게 처리해야 하는지 많은 조언을 들려준다. 도움이 필요한 아이와 엄마가 함께 읽으면 좋을 책이다.

어휘력을 키워 주는 그림책 속 한 문장
"그런 다음 훌쩍, 아주 잠깐 울어요."
아이에게 울고 싶을 땐 울어도 된다고 이야기해 주자. 잠깐 울고

싶으면 훌쩍, 마음껏 울고 싶으면 꺼억꺼억 목놓아 울어도 된다
고 말해 주자.

아이와 재미있게 그림책을 보는 팁

슬픔이나 화, 분노, 우울 등 부정적 감정을 소재로 하는 그림책
을 보고 난 후 어른들은 습관적으로 아이들에게 "너는 언제 화가
나? 너는 언제 슬퍼? 너는 언제 마음이 안 좋아?" 같은 질문을 던
지곤 한다. 하지만 아무리 궁금해도 조금 참자. 책을 보고 난 후
내 마음을 일목요연하게 정리해 대답하는 건 어른에게나 아이에
게나 어려운 일이다. 책 속 아이의 마음에 공감하고 여운을 느낄
수 있는 충분한 시간을 아이에게 주도록 하자.

"엄마, 아기는 어디로 나와?"
성교육은 어떤 말로 해야 할까?

아이가 세 살이었을 때, 나의 동생 그러니까 아이의 이모는 임신 중이었다. 만날 때마다 풍선처럼 커지는 이모의 배를 보며 아이는 무척 신기해 했다. 이모의 배가 꿀렁이는 모습과 초음파 속의 이상하게 생긴 아기가 이모의 배 속에 있다는 사실이 아이에게는 신비로움 그 자체였던 것 같다. 자연스레 아이는 아기가 어느 날 갑자기 하늘에서 뚝 떨어지는 생명체가 아니라는 걸 알게 되었다. 그러던 어느 날, 아이가 아주 귀여운 말을 했다.

"이모 배가 빵 터져? 아기가 나와?"

아이는 배 속의 아기가 어떻게 배를 뚫고 나오느냐며 제법 진지했다. 정말 아이다운 발상이었다.

"이모 배는 안 터져. 그럼 큰일 나! 이모한테는 아기가 나오는 문이 있어. 아기가 '똑똑~ 나 이제 밖으로 나갈래요' 하고 이모한테 신호를 보내면 문이 열리고 아기가 나오는 거야."

"나도 그렇게 나왔어?"

"그럼. 엄마한테 똑똑 신호를 얼마나 세게 줬는지 엄마 배가 정말 아팠다니까."

"나는 힘이 세."

"맞아. 정말 힘이 세더라!"

당시 아이가 궁금해 하는 건 딱 여기까지였다. 출산의 구체적 상황이나 정확한 신체 용어가 아닌 아기가 못 나오면 어쩌나, 이모 배가 터지면 어떡하지 하는 걱정과 궁금함이 전부였다. 그렇기 때문에 나 역시 세 살 아이를 붙들고 본격적인 성교육을 생각할 이유가 없었다. 아이가 궁금해 하는 부분까지만 이야기해 주고, 온 가족이 너를 그리고 곧 태어날 동생을 얼마나 기다리는지 그 사랑을 전해 주는 것으로도 충분했기 때문이다.

그 이후로도 아이는 종종 '아기가 나오는 문'을 언급하기는 했으나 그 궁금증이 더욱 구체화되지는 않았다. 그렇게 시간이 흘러 아이는 여섯 살이 되었다. 어느 날 아이와 함께 목욕을 하는데 아이가 물었다.

"엄마, 아기가 나오는 문은 왜 안 보여? 어디에 있어?"

짧은 순간이었지만 나는 당황했다. '이 상황을 어떻게 하면 좋지?' 이건 분명 세 살 때와는 전혀 다른 차원의 질문이었다. 하지만 내가 당황해 횡설수설하거나 쓸데없는 걸 묻는다고 아이의 말을 막아 버리면 아이는 분명 엄마가 무언가를 숨기고 있다고 생각할 것이다. 나는 아이가 궁금해 하는 것이 정확히 무엇인지 알기 위해 아이의 질문을 확인했다.

"아기가 나오는 문이 어디에 있는지 궁금해?"

"응. 아무리 봐도 없어."

"아, 엄마 몸을 살펴봤는데 없어서 궁금했구나."

"응"

"아기가 나오는 문은 쉬가 나오는 구멍과 똥이 나오는 구멍 사이에 있어. 그런데 아기가 나오는 문은 정말 너무너무 중요한 곳이야. 너처럼 소중한 아기가 엄마 배 속에서 안전하게 자라서 바깥으로 나와야 하는 곳이니까. 그래서 우리 몸에서 가장 안 보이는 곳에 숨겨져 있는 거야. 잘 보호해야 하니까."

"나는?"

"아기가 나오는 문은 엄마 같은 여자한테만 있어. 엄마 몸에 아기가 자라는 방이 있거든. 남자 몸에는 아기 씨앗이 있지. 남자랑 여자는 생김새도 다르고 아기를 만들 때 역할도 달라."

"아! 그래서 엄마가 고추는 소중하다고 했어."

"맞아. 나중에 치호도 아빠가 될 수 있잖아. 아기 씨앗이 건강하게 만들어지려면 더러운 손으로 만지거나 함부로 장난치면 안 되는 거야. 아주 소중한 곳이니까."

"맞아. 나도 알아."

우리는 자연스럽게 아이가 궁금해 하는 부분까지 이야기를 나누었다. 그리고 아이는 궁금증이 해결되었는지 이내 화제를 바꿔 자신이 새로 알게 된 공룡 이름을 나에게 알려 주기 시작했다.

사실 나는 아이가 다섯 살이 될 무렵부터 유아 성교육에 대해 많은 고민을 했었다. 우연히 한 교육 업체에서 진행하는 유아 대상 성교육 프로그램을 알게 됐는데, 5~7세 아이들에게 생리나 몽정의 원리까지 알려 주고 그걸 키트로 실험하는 내용이었다. 게다가 아이의 탄생을 슈퍼 정자의 승리처럼 묘사한 글까지 보니 마음이 너무 복잡했다.

과연 다섯 살 아이에게 생리나 몽정 같은 2차 성징의 변화까지 알려 줘야 하는 걸까? 아이가 진짜 궁금해 하는 것이 그런 것일까? 성기의 정확한 표현과 생김새를 그림으로 보여 주며 아이와 대화를 나누는 것이 정말 이 시기 아이들에게 필요한 걸까? 아기의 탄생이 정자의 달리기 시합과 같은 걸까? 그 뒤로 성교육 관련 그림책들과 도서들을 닥치는 대로 읽었다. 어떤 책에서는 구체적 정보를 어려서부터 제시해야 한다고 하고, 어떤 책에서는 보수적 접근이 필요하다 했다. 결국 선택은 부모의 몫이었다. 어떤 방식이든 자연스럽게 부모와 아이가 이야기를 나눌 수 있어야 하고, 그 안에는 그저 생물학적 정보만이 아닌 생명을 대하는 부모의 철학이 담겨 있어야 했다.

내가 생각하는 성교육은 어느 날 갑자기 하늘에서 뚝 떨어진 의학용어 같은 게 아니었다. 아이의 발달과 관심을 따라가며 자연스럽게 물 흐르듯 생명에 대해, 내 몸에 대해, 그리고 아이의 신체적·정서적 성장에 대해 이야기하고 싶었다. 그리고 무엇보다 엄마와 아빠가 네가 오기를 너무나 간절히 바랐고, 너는 사랑에 의해 태어난 아이라는 걸 가장 먼저 전해 주고 싶었다.

목욕을 마치고 우리는 아이의 태아 초음파 사진과 남편과 내가 태어날 아기를 기다리며 쓴 편지를 모아 둔 앨범을 함께 보았다. 나는 아이에게 너와 내가 탯줄로 연결되어 있었고 배꼽이 바로 탯줄의 흔적임을 알려 주었다.

"네가 스스로 숨 쉬고 먹을 수 있을 때가지 엄마가 탯줄로 산소랑 영양소를 준 거야."

아이는 자신의 배꼽을 쳐다보며 신기해 했다.

"엄마, 고마워!"

아이의 감사 인사가 아주 오래도록 기억에 남을 것 같다. 앞으로도 나의 성교육은 아이가 자신의 소중함을 느끼는 데에 중심을 둘 것이다. 그러고 나서 미리 서두르지도, 애써 늦추지도 말아야지 싶다. 딱 아이가 궁금해 하는 만큼, 그렇게 자연스럽게 생명과 인체의 아름다움과 신비로움에 대해 이야기 나누고 싶다.

배꼽의 비밀
야규 겐이치로 글·그림, 서지연 옮김, 대교소빅스

배꼽에 대해 알려 주는 과학 그림책으로 딱딱하고 지루하지 않다. 익살스런 그림과 아이다운 귀여운 질문들을 통해 호기심을 가지고 자신의 몸을 살펴보도록 도와준다. 자연스럽게 탯줄과 태아, 임신에 관한 이야기를 할 수 있어 성교육 시작 책으로 추천한다.

어휘력을 키워 주는 그림책 속 한 문장
"내 배꼽과 엄마 배꼽이 서로 이어져 있었을지도 몰라."
아이들이 흔히 생각하는 귀여운 상상들이 소개되는데, 우리 아이는 어떤 상상을 하는지 이야기를 들어 보고 실제 어떤 모습으로 엄마와 아이가 연결되었는지를 알려 주면 좋겠다. 아이의 상상을 가볍게 넘기지 말자. 그 질문들에 하나하나 답을 찾아가는 것에서부터 소통의 성교육이 시작되는 법이다.

아이와 재미있게 그림책을 보는 팁
『배꼽의 비밀』을 보고 아이가 엄마 배 속에서 열 달 동안 어떻게 지내는지 궁금해 한다면, 태아가 자라는 모습과 엄마의 변화를 함께 보여 주는 정보 그림책 『엄마의 놀라운 열 달』이 도움이 된다. 아이의 초음파 사진을 같이 보면서 아이를 기다렸던 엄마, 아빠의 이야기도 함께 들려주자. 아이가 태어나는 과정에 대한 이야기를 구체적이지만 부담 없이 나누고 싶다면 창작 그림책『엄마가 알을 낳았대』와 정보 그림책『아기는 어떻게 생겨요?』를 추천한다. 성교육은 한 권의 책으로 모든 걸 해결한다기보다는 호기심과 정보, 생명 존중과 건강한 성의식 등을 조화롭게 생각하며 몇 권의 책을 함께 보는 편이 좋다. 또한 유아의 경우에는 그림이 너무 자극적으로 그려지지 않은 걸 선택해야 엄마, 아빠와 자주 꺼내 보며 편안하게 이야기를 나눌 수 있다.

감정이 뭘까?
✧ 다양한 마음과 기분을 나타내는 말 ✧

감정은 어떤 현상이나 일에 대해 일어나는 마음과 기분을 말한다. 아이들이 어떤 일을 겪고 불편한 감정을 느껴 울음을 터뜨릴 때 어른들은 흔히 울지 말라고만 다그친다. 하지만 이는 잘못된 말이다. 감정은 표현해야 한다. 참거나 침묵해서는 안 된다. 무시하거나 부정해서도 안 된다. 스스로 자신의 감정을 인지하고, 그것을 자연스럽게 표현할 줄 알아야 자신을 이해하고 나아가 타인을 이해할 수 있다. 아이가 많이 웃고 펄쩍펄쩍 뛰며 기뻐하도록 돕자. 스스로 부정적 감정에 대처하는 힘을 기를 수 있도록 도와주자. 그러기 위해선 먼저 자신이 느끼는 감정이 무엇인지 다양한 감정을 알아야 한다. 아이에게 감정에 대한 표현을 많이 들려주는 것이 중요한 이유가 바로 여기에 있다.

긍정적 감정을 나타내는 말

사랑해. 행복해. 즐거워. 신나. 자랑스러워. 흐뭇해. 좋아. 편안해. 후련해. 유쾌해. 설레. 뿌듯해. 괜찮아. 기뻐. 정겨워. 따뜻해. 웃겨. 재밌어. 흥겨워. 힘이 나. 시원해. 아름다워. 귀여워. 놀라워. 감동이야. 고마워. 응원해. 찬성해. 상쾌해. 화목해. 든든해. 평화로워…….

부정적 감정을 나타내는 말

샘나. 화나. 슬퍼. 속상해. 무서워. 두려워. 걱정 돼. 괴로워. 나빠. 미워. 답답해. 불편해. 불쾌해. 심술 나. 짜증나. 서러워, 야속해. 허무해. 찜찜해. 부끄러워. 창피해. 초조해. 공포스러워. 부담 돼. 반대해. 지루해. 싫어. 쓸쓸해. 안타까워. 불쌍해. 원망스러워. 어려워. 불행해. 외로워. 의심이 돼. 긴장 돼. 질투 나. 따분해…….

그 밖에 '깜짝이야!', '궁금해', '신기해', '시원섭섭해', '그냥 그래' 처럼 긍정인지 부정인지 잘 모르겠는 감정들도 있다.

✧ 아이의 마음 ✧

"무서워! 싫어! 아니야!"

아이들이 흔히 하는 부정어 삼총사다. 여기에 소리 지르기와 울음을 터트리기가 추가되면 이 아이가 왜 이러나 부모는 답답할 뿐이다. 뭐가 무서운지 설명하지 않고 무조건 무섭다고 하는 아이, 왜 싫은지, 무엇이 아닌지 차분히 이야기하지 않고 무조건 고개를 흔드는 아이, 도대체 왜 그러는 걸까?

먼저 어른과 아이의 몸집을 비교해 보면 쉽다. 누구의 몸집이 더 큰가? 당연히 어른이 크다. 그만큼 어른이 아이에 비해 많은 것을 보고, 느끼고, 생각하고, 경험하며, 지금의 모습으로 성장했다. 머리에도, 마음에도 아이에 비해 많은 것들이 담겨 있다. 때문에 어른들은 내 감정이 지금 무슨 상태인지 아이보다 더 정확하게, 더 구체적인 언어로 표현이 가능한 것이다.

하지만 아이들은 자신의 마음에 대해 무슨 말로 어떻게 표현해야 할지 아직 잘 모른다. 겪어 본 것들이 어른에 비해 아주 많이 적으니 당연하다. 특히 부정적 감정을 느낄 때 지금 내 마음이 불안함인지, 슬픔인지 아니면 억울함인지, 두려움인지, 서운함인지, 무기력한 것인지 혹은 우울함인지, 답답함인지, 화가 난 것인지 잘 알지 못한다. 구체적으로 뭔지는 잘 모르겠지만 지금 자신이 매우 불편하다는 것만 알 뿐이다. 정확하게 말로 느낀 바를 표현하여 불편함을 해결하면 좋을 텐데. 몸과 마음이 아직 자라고 있는 중이니 어떻게 표현해야 할지 모르는 본인들은 얼마나 답답할까? 그런데 엄마, 아빠가 자꾸만 "말을 해! 말을 해야 알지!" 하며 다그친다고 생각해 보자. 문제 해결은 되지 않은 채 감정만 격해질 뿐이다. 그럼 더 강도를 높여 떼를 쓰고 울며 소리를 지른다.

그럼 "아직 아이니까 괜찮아." 하며 아이의 미숙한 감정 표현을 바라만 봐도 괜찮은 걸까?
엄마와 아빠가 아이의 마음에 공감을 표하고 받아들여 줄 때 아이는 자신의 감정을 알아채고 적절하게 표현하며 대처할 수 있는 힘을 기른다. 뿐만 아니라 자신의 감정을 돌볼 줄 알아야 다른 사람의 감정에도 공감할 수 있다. 그러니 "무서워! 싫어! 아니야!" 속에 숨은 아이의 진짜 속마음을 알아보고 제대로 안아주어야 한다. 그럼, 어떻게 하면 좋을까?

먼저 엄마의 감정 표현을 보여 주자. 가장 가까운 사람은 누가 뭐라 해도 부모다. 평소 가까운 어른들이 감정을 말로 표현하는 데 인색하다면 아이는 자신의 마음을 어떻게 표현해야 할지 잘 알지 못한다. 가령 유치원에서 친하게 지내던 친구가 이사를 가게 되었다고 해 보자. 아이는 어느 날 갑자기 상실을 경험하고 무척 슬플 것이다. 그럴 땐 아이 마음을 알아주고, 이어서 엄마의 경험과 감정도 함께 이야기해 주면 아이는 자신의 마음을 자연스레 수용할 수 있다.

"친구가 많이 보고 싶어서 슬펐구나. 맞아, 엄마도 학교 다닐 때 제일 친했던 친구랑 지금은 너무 멀리 떨어져 살아서 자주 못 만나. 그래서 가끔 너무 슬퍼." 하는 식으로 말이다.

그러고 난 뒤에는 감정에 대처하고 감정을 조절하는 방법도 알려 주자. 예를 들면 친구와 떨어져 슬픈 감정을 공감해 준 뒤에는 해결 방법들도 함께 고민하는 것이다.

"친구가 보고 싶을 땐 같이 찍은 사진을 보면 어떨까? 편지를 써도 되고. 영상 통화도 하고. 비록 매일 만나지는 못해도 가끔 만나기로 약속할 수도 있어."

이를 통해 아이는 부정적인 일이나 감정도 충분히 해결할 수 있다는 걸 알아간다.

그림책 속 주인공들이 느끼는 다양한 감정을 통해서도 아이들은 자신의 마음을 알아채고 표현할 수 있다. 참고하면 좋은 그림책 두 권을 소개한다.

내 마음을 보여 줄까?

윤진현 글·그림, 웅진주니어

하루에도 수없이 변하는 변덕쟁이 내 마음, 내 마음은 무얼까? 생일 날 아침 풍선처럼 두둥실 기분이 좋은 아이에게 엄마가 노란 운동복을 입고 유치원에 가라고 한다. 공주 옷을 입고 싶었던 아이는 한순간 모래성처럼 마음이 와르르 무너진다. 아이는 외친다. "싫어!"

『내 마음을 보여 줄까?』에서는 작은 사건 하나하나가 벌어질 때마다 수시로 변하는 아이의 마음을 풍선, 모래성, 선인장, 보석처럼 아이들이 쉽게 떠올릴 수 있는 이미지에 빗대어 보여 준다. 마치 마음을 눈으로 보는 것 같다. 책을 보는 아이들은 또래 친구의 하루를 통해 다양한 감정들을 체험할 수 있다. 더불어 엄마, 아빠는 아이들의 순수한 감정 표현법을 엿보며 아이의 마음에 공감이 필요할 때 다음과 같이 응용하면 좋겠다.

"동생이 장난감을 빼앗아 가서 마음이 뾰족뾰족 선인장 같아졌구나. 많이 속상했겠다. 엄마라도 뾰족뾰족 화가 났을 거야."

그 녀석, 걱정

안단테 글, 소복이 그림, 우주나무

어느 날, 한 아이에게 파란 점처럼 생긴 그 녀석이 찾아온다. 그 녀석은 아이 몸에 찰싹 붙어서 떨어질 생각을 않는 데다 점점 커지기까지 한다. 다행히 다른 사람 눈에는 안 보이는 것 같지만 아이는 매우 불편하다.

『그 녀석, 걱정』은 아이들 마음속에 자라는 걱정을 눈에 보이는 존재(그녀석)로 표현한 그림책이다. '걱정'은 아이 스스로 자신이 무슨 생각을 하고 있는지 돌아보게 하고 알아채도록 이끌면서 걱정을 해결하는 방법도 가르쳐 준다. 정말 친절한 녀석이 아닐 수 없다. '걱정' 덕분에 걱정을 해결한 아이의 이야기를 통해 책을 읽는 아이들 역시 자신이 키우고 있는 걱정은 없는지 곰곰이 마음을 들여다 볼 수 있다.

엄마는 '걱정'이가 아이에게 건네는 말을 하나하나 꼼꼼히 살펴보면 좋겠다. 어느 심리치료사 못지않게 아이에게 용기를 주고 지혜를 주는 말들이 가득하다. '걱정'이가 아이에게 한 말을 응용해서 다음과 같이 아이를 위로해 보자.

"걱정은 언제든 또 찾아올 거야. 하지만 그땐 놀라거나 겁먹지 않아도 돼. 너는 그때도 잘할 수 있어!"

5
장

소통의 기술은 필수!

아이의 사회성을 키워 주는 엄마의 어휘력

5~7
세

아이의 사회생활이 시작되었다.

어떤 친구를 만나게 될까? 혹시 친구와 잘 어울리지 못하면 어떡하지?

아이가 친구와 갈등이 있을 땐 어떻게 대응해 줘야 할까?

나와 아이의 관계가 아닌 아이와 타인의 관계 앞에서

언제나 엄마는 걱정 반, 기대 반!

그런 엄마의 마음을 아는지 모르는지

아이는 신나게 자신의 세상을 확장해 나간다.

그런 아이를 향해 목청껏 외치자!

"너를 응원해!"

'예쁜 애' 대신 다른 칭찬하기!
편견과 선입견을 깨는 말

아이가 유치원에 입학하고 얼마 되지 않았을 때의 일이다. 아이를 만나는 어른들마다 유치원은 잘 다니는지, 새로 사귄 친구는 없는지 물으며 아이의 작은 사회생활을 응원해 주었다. 그리고 열 명 중 여덟 명은 꼭 빼놓지 않고 하는 말이 있었다.

"반에서 예쁜 여자 친구는 사귀었어?"

아이는 그때마다 고개를 저었다. 그러면 상대방 중 몇은 "잘 보고 예쁜 여자 친구 꼭 사귀어."라고 당부했다.

이런 일이 있을 때마다 나는 늘 난감하다. 남자 아이는 꼭 예쁜 여자 아이와 친해져야 하는 걸까? 왜 아무도 "장난을 재미나게 치는 친구 만났니?"라거나 "달리기를 잘하는 친구는 없니?" 아니면 "하하하 크게 웃는 친구랑 친해졌니?"라고 묻지 않는 걸까? 왜 모두들 예쁘게 생긴 여자 아이만을 궁금해 할까?

아이가 유치원에 나가고 일주일쯤이 지난 후 친해진 친구는 없는지 물었다.

"없어. 친구들 이름을 몰라. 그래서 안 친해."

아이가 대답했다. 수줍음이 많아 선뜻 친구에게 먼저 다가가지 못하는 성향의 아이여서 누군가 먼저 다가와 주길 기다리는 눈치였다. 하지만 관계는 서로가 맺는 것, 아이 역시 먼저 손 내밀 줄 알아야 한다. 그래서 우리는 '친구를 찾아라. 탐정 놀이'를 시작했다. 아이가 등원을 할 때마다 내가 오늘 찾아야 할 친구를 말해 주면 아이는 친구 찾기 탐정이 되어 해당하는 친구를 찾는 놀이였다.

"오늘은 인사를 제일 크게 하는 친구를 찾는 거야."

아이가 같은 반 아이들에게 관심을 가지고 조금 더 마음을 열길 바라는 엄마의 마음을 담아 정성스레 문제를 냈다. 마당놀이를 제일 신나게 하는 친구, 밥을 제일 맛있게 먹는 친구, 이야기를 제일 많이 하는 친구 등 아이가 친구들의 행동을 살필 수 있도록 말이다. 어떤 날은 곱슬머리 친구나 키가 제일 큰 친구, 머리카락이 제일 긴 친구 등 친구들의 생김새를 살필 수 있는 문제를 내기도 했다.

어떤 날은 "제일 재미있고 웃긴 친구 이름 알아오는 거야." 하는 식으로 아이의 호감을 슬쩍 엿볼 수 있는 질문을 하기도 했다.

사실 아이는 친구 찾기에 실패하는 날이 더 많았다. 하지만 어느 순간, 아이가 이야기하는 친구들의 이름이 하나둘 늘어 갔다. 충분한 성공이라 생각한다.

나와 탐정 놀이를 하는 동안 아이는 분명 친구들을 자세히 보았을 것이다. 얼굴이 잘나고 못나고가 아닌 친구들의 개성이나 특성을 유심히 보지 않았을까? 그렇게 자세히 들여다보면서 친구들 한 명 한 명이 아이의 마음속에 예쁘게 자리했을 거다.

"자세히 보아야 예쁘다."는 구절로 유명한 나태주 시인의 〈풀꽃〉이 생각났다. 시인은 어쩌다 자신이 이런 문장을 쓰게 되었는지 모르겠다며, 아이들의 눈으로 세상을 바라보며 이 구절을 쓰게 된 것 같다고 말했다. 단 세 문장의 시를 곱씹어 다시 읽어 보았다. 자기 자신이 세상의 전부였던 아이가 조금씩 천천히 세상으로 나아가 다른 이들과 관계를 맺고 우정을 나누는 데 있어 꼭 필요한 말이 아닌가 싶다.

자세히 보아야 예쁘다
오래 보아야 사랑스럽다
너도 그렇다.

— 나태주, 〈풀꽃〉

등원하는 아이를 꼭 안아 주며 시 〈풀꽃〉을 들려주었다. 꽃처럼 사랑스런 친구들과 멋진 하루를 보내라는 인사도 잊지 않고 말이다.

○ 함께 보면 좋은 그림책

가을에게, 봄에게

사이토 린·우키마루 글, 요시다 히사노리 그림, 이하나 옮김, 미디어창비

봄, 여름, 가을, 겨울을 의인화한 그림책이다. 겨울이 끝날 무렵 봄이 깨어난다. 그로부터 몇 달 뒤, 봄에게 여름이 찾아온다. 겨울과 여름을 만나 인사를 나누는 봄. 그런데 문득 단 한 번도 만난 적 없는 가을이 궁금해진다. 가을은 누굴까? 그리고 편지를 쓴다. 계절을 주인공으로 이토록 아름답고 흥미로운 이야기를 만들어 내다니! 서로를 궁금해 하며 편지를 주고받는 봄과 가을이 참 예쁘다.

어휘력을 키워 주는 그림책 속 한 문장

"따뜻하고 차가운 애, 도대체 어떤 아이일까?"

봄이 겨울에게 전해들은 가을은 '따뜻한 아이'고, 여름에게 전해들은 가을은 '차가운 아이'다. 둘 중 어떤 게 진짜 가을의 모습일까 봄의 궁금증은 더욱 커져만 간다. 아이와 계절을 이야기할 때 마치 살아 있는 사람처럼 성격을 상상해 보자. 봄, 여름, 가을, 겨

엄마의 어휘력

울이 내 친구라면 어떤 개성을 가진 아이들일까? 어떤 모습일까? 무얼 좋아할까?

아이와 재미있게 그림책을 보는 팁

봄과 가을은 편지를 주고받으며 친구가 된다. 편지에는 서로에게 이야기하고 싶은 것과 궁금한 것들이 가득한데, 전화와 문자 메시지에 익숙한 아이들에게 편지라는 매체 자체가 무척 신선하게 다가오는 듯하다. 책을 읽고 아이와 함께 편지를 써 보자. 아이가 좋아하는 친구에게 써도 좋고, 상상 속 친구나 혹은 떨어져 지내는 가족도 좋다. 그림책 속 주인공에게 편지를 쓸 수도 있다. 아직 글을 쓰지 못하는 아이라면 그림을 그리거나 나만의 글자로 편지를 쓰는 방법도 있다고 알려 주자.

달라서 재미있는 꽃밭,
다름을 인정하는 수용의 말

농장에서 배송되어 온 꽃다발 꾸러미를 정리하고 있는데, 아이가 물었다.

"엄마, 이 중에서 어떤 꽃이 제일 좋아?"

"음……. 다 좋은데."

"아니, 하나만 골라 봐."

다 좋아서 못 고르겠다 말하면 분명 그래도 한 개를 고르라고 실랑이할 것이 분명했다.

"지금은 겨울이니깐 폭신폭신 목화."

슬쩍 봄, 여름, 가을, 언제든 좋아하는 꽃이 바뀔 수 있다는 여지를 두었더니 아니나 다를까 또 질문이 이어졌다.

"그럼 봄에는?"

"밭둑가에 보라보라 제비꽃."

"여름에는?"

"당연히 싱글벙글 해바라기지."

"가을에는?"

"음. 올망졸망 작은 국화? 아! 한들한들 코스모스도 좋은데. 눈이 소복소복 내리는 날엔 송이송이 안개꽃이 좋고. 별 총총 깜깜한 밤에는 반짝반짝 별꽃이 좋고. 또……."

"그만! 너무 많아 엄마. 엄마는 꽃을 좋아해."

색깔과 모양, 느낌이 드러나는 간단한 수식어를 붙여 주니 꽤 재미있는 말놀이가 되었다. 아이도 갖가지 꽃들이 머릿속에 그려지는지 꽃밭 그림을 그리겠다고 말했다.

"근데 왜 꽃들은 다 달라?"

한참 그림을 그리던 아이가 물었다.

나는 작은 빙고 판을 그렸다. 어렸을 적 친구들과 많이 하던 놀이인데, 요즘은 아이와 그림 빙고를 종종하곤 했다. 나는 그려진 네모 칸 안을 빨간색의 같은 모양 꽃들로 모두 채웠다.

"자, 봐. 꽃들이 모두 같은 모양, 같은 색깔이면 빙고 판이 어때?"

"그럼 게임을 못하지."

"이 빙고 판을 지구라고 생각하면 돼. 모두 같은 모양, 같은 색깔, 같은 향기를 가지고 있다면 지구는 정말 재미없는 곳일 거야.

사는 곳도 다르고, 피는 시기도 다르고, 이름도 다르고, 모두 다르기 때문에 지구는 아름다운 꽃밭이 되는 거지. 다 같으면 정말 재미없어. 봄에 피는 빨간 꽃만 있으면 가을에는 어떻게 해?"

"아, 그래서 다 다르구나."

"그럼. 그래서 사람도 모두 다른 거야. 온 세상 사람들이 똑같으면 으악. 진짜 별로겠다. 놀이터에서 노는 애들이 다 너랑 똑같이 생겼으면 엄마가 어떻게 우리 아들을 찾아."

"맞다. 그러네."

사실 꽃의 색이 저마다 다른 이유는 초록색을 내는 엽록소, 붉은색과 푸른색을 내는 안토시아닌, 노란색과 주황색을 내는 카로티노이드의 함유량 때문이라고 한다. 하지만 이런 과학적 이유가 아니더라도 간단한 상상만으로 충분히 그 이유가 설명되지 않을까?

참고로 빙고 게임을 하는 방법은 다음과 같다. 정사각형을 그린 뒤 가로 세로 다섯 칸씩 칸을 나눠 정해진 주제에 맞춰 칸을 채운다. 참여자들이 번갈아 낱말을 말하면서 각 칸을 지워 간다. 이때 지워진 칸이 가로, 세로, 대각선으로 한 줄이 되면 빙고인데, 몇 줄을 먼저 만들면 승리인지는 지역마다 조금씩 다르다.

나라 이름이나 사람 이름, 동물 이름, 곤충 이름, 꽃 이름 등과 같은 주제로 다양하게 즐길 수 있다. 글씨를 아직 못 쓰는 아이와 할 때는 그림으로 그리기 쉬운 주제를 정하여 그림 빙고를 하면 재미있다. 빙고 판이 온갖 꽃이 핀 꽃밭이 되고, 여러 동물들이 모여 사는 정글이 되고, 다양한 풀과 나무가 자라는 숲이 된다.

모두 같은 나무. 모두 같은 동물. 모두 같은 사람. 지구상에 이천만 종에 달하는 생물들이 서로 다 다른 모습으로 존재하는 데는 분명한 이유가 있다. 서로 다른 개성과 차이는 지구를 더욱 풍요롭게 만든다. 자연을 통해 아이가 서로 다른 생명체들이 모여 사는 이유를 자연스레 깨달았으면 좋겠다. 그리고 나와 혹은 우리와 다른 것에 대해서 너그럽게, 당연하게 생각하길 바란다.

▶ 이름도 꽃말도 예쁘고 재미난 우리말 꽃들

- **봄까치꽃** 봄이 되면 들과 산, 길가 어디에서든 흔히 볼 수 있는 청백색의 작은 들꽃. 큰개불알꽃이라는 공식명이 있으나 그보다는 봄이 되면 찾아오는 반가운 손님 같은 느낌의 봄까치꽃이 좀 더 예쁜 것 같다.
- **애기똥풀 꽃** 이름을 알려 주면 아이들이 가장 재미있어 하는 꽃 1위는 단연 애기똥풀 꽃이다. 똥이라는 말이 들어가면 그저 좋은가 보다. 작고 앙증맞은 노랑 꽃이 이름처럼 귀엽다. 가지를 톡 꺾으면 즙이 나오는데 그 즙을 손톱에 바르면 매니큐어처럼 노란 물이 든다.

- **천사의 나팔** 정식 이름은 브루그만시아로 커다란 꽃이 땅을 향해 핀다. 그 모습이 마치 천사가 나팔을 부는 모습과 비슷하다 하여 붙여진 이름이다. 동화 같은 이야기와는 별개로 독성이 있으니 아이들에게 천사의 나팔을 발견하면 눈으로만 봐야 한다고 말해 주자.

- **은방울꽃** 귀여운 방울 모양의 은방울꽃은 모양도 이름도 예쁜 꽃이다. 딸랑딸랑 종소리가 들릴 것 같기도 하고 요정의 볼록한 치마 같기도 하다. 은방울꽃을 대롱대롱 흔들면 마법 같은 일이 벌어질 것만 같다. 아이들에게 다양한 상상을 불러일으키는 꽃으로 사랑, 행복 등의 꽃말을 가지고 있다.

- **수수꽃다리** 우리가 흔히 라일락이라고 알고 있는 꽃이다. 수수꽃다리는 우리나라 자생종이고 라일락은 서양에서 들어온 것이라고 한다. 라일락을 서양수수꽃다리라고도 부른다. 향기가 진해서 길을 가다 봄바람에 산들산들 퍼지는 향기만으로도 근처에 수수꽃다리가 있음을 알 수 있다. 익숙한 외국어 이름보다 정감 가는 우리말 꽃 이름을 아이들에게 알려 주자. 꽃말은 우애인데, 옹기종기 모여 꽃이 피어 있는 모습이 귀여운 아기 형제들 같다.

☼ "모두 같은 모양, 같은 색깔,
같은 향기를 가지고 있다면
지구는 정말 재미없는 곳일 거야."

도토리 마을의 1년

나카야 미와 글·그림, 김난주 옮김, 웅진주니어

언뜻 보면 모두 비슷해 보이지만 자세히 보면 모두 다른 도토리 마을의 도토리들을 만나 보자. 생김새도, 좋아하는 것도, 하는 일도 모두 다른 도토리 마을 식구들의 모습이 흥미롭다. 도토리 서점의 구실잣밤나무 점장님, 떡갈나무 카메라맨, 모자 가게 톨이, 도토리 빵집 가족, 도토리 유치원 선생님들과, 참가시나무 경찰 아저씨, 졸참 할아버지 등 서로 다른 도토리들이 함께 모여 소박하고 행복한 일상을 누리는 모습을 도토리 마을의 1년을 통해 엿볼 수 있다. 도토리 마을에서는 누구나 주인공이 된다!

어휘력을 키워 주는 그림책 속 한 문장

"도토리 마을 이웃을 소개합니다."
본문의 문장이 아닌 면지의 문장이다. 도토리 마을에는 이웃들이 많은데, 모두가 다양한 일을 하며 서로 돕고 산다는 설명과 함께 도토리들을 소개하고 있다. 어떤 도토리들이 어떤 일을 하며 어떻게 살아가고 있는지 한 명 한 명 자세히 살펴보자.

아이와 재미있게 그림책을 보는 팁

가을이 되면 가까운 공원이나 숲에서 도토리를 주워 도토리 마을 식구들을 만들어 보자. 네임펜이나 매직으로 눈코입만 그리면 된다. 이때 얼굴 표정을 조금씩 달리하면 개성 넘치는 그림책 속 캐릭터와 제법 비슷하다. 도토리를 모으다 보면 비슷비슷해 보이지만 조금씩 모양과 크기와 색깔이 다른 걸 알 수 있다. 아이와 함께 만든 도토리 마을 식구들로 역할 놀이를 해도 재미있다.

열려라, 마음 주머니!
친구에게 다가가기 위한 용기의 말

일어날 시간이 한참 지났는데도 아이는 이불 위에서 뒹굴뒹굴 일어날 생각이 없다. 유치원에 늦겠다고 빨리 일어나라고 재촉을 하자, 볼멘소리로 투덜댔다.

"안 갈래. 가기 싫어. 유치원 꼭 가야 돼?"

잊을 만하면 한 번씩 찾아오는 '유치원 권태기'다. 이럴 때 다그치거나 혼을 내면 상황만 더 악화될 뿐이다. 나는 아이 기분을 살피며 조심스레 이유를 물었다.

"애들이 나하고 안 놀아. 그래서 재미없어."

지난번에는 혼자 밥 먹는 게 힘들어서 가기 싫다고 했는데 이번에는 살짝 걱정스러운 이유였다. 속상했겠구나, 마음을 알아주고, 엄마 마음 약국이 오늘 문 열었으니 어떻게 도와주면 좋겠냐고 물었다.

"몰라. 가기 싫어."

하지만 아이의 마음이 쉽게 풀어지진 않는다. 아이는 친구들과 같이 하고 싶은 놀이가 있는데, 아무도 자기한테 같이 하자고 하지 않는다며 속상해 했다.

"그럼 먼저 같이 하자고 말하면 어때?"

"그건 싫어. 쑥스러워."

아이의 친구 문제는 엄마들에겐 항상 어렵다. 매일 아이 옆에 붙어서 아이 마음에 드는 친구를 사귈 수 있도록 도와줄 수도 없고, 아이와 친구들 사이의 일에 일일이 간섭할 수도 없다. 대신 해줄 수 있는 일이 아무것도 없으니 아이가 그저 잘 지내는지 세심하게 살펴보고, 혹여나 속상한 일이 있으면 그 마음을 다독여 줄 뿐이다.

"그런데 아무 말도 하지 않고 있으면 친구들이 너에 대해서 잘 모를 거야. 이렇게 주머니 속에 반짝반짝 빛나는 구슬을 넣어 두면 어때? 구슬이 보여?"

나는 작은 천 주머니에 아이가 좋아하는 알록달록 유리구슬을 쏙 집어넣고 아이에게 물었다.

"아니. 안 보여."

"마음도 똑같아. 엄마가 늘 말했지? 너는 반짝반짝 빛나는 특별한 아이라고. 사람들은 누구나 자기만의 빛나는 보석을 가지고 있다고."

"응."

"그런데 아직은 너의 특별한 보석이 마음 주머니 속에 쏘옥 숨어서 친구들한테 보이지 않나 봐. 친구들한테 네가 생각한 놀이가 뭔지 알려 주면서 같이 놀면 재미있을 거라고 말하면 어때? 그럼 네가 얼마나 재미있는 아이인지 친구들이 알 수 있을 걸."

하지만 아이는 쉽게 용기가 나지 않는 모양이었다. 생각해 보겠다며 이불을 머리끝까지 덮고는 정말 진지하게 고민하는 눈치였다. 나는 그런 아이의 등을 토닥였다.

"우리 아들, 마음 주머니가 아직 꽁꽁 묶여 있나 보네. 서두르지 않아도 돼. 하고 싶을 때, 준비가 되면 마음 주머니에 있는 특별한 것들을 친구들한테 하나하나 꺼내서 보여 주자. 엄마는 네가 얼마나 멋진지, 얼마나 빛나는지 친구들이 알았으면 좋겠는데."

아이를 애써 위로하려 한 말이 아니었다. 진심이었다. 타인에게 먼저 다가가 나를 보여 줘야 친구가 될 수 있다. 사실 난 기질적으로 타인에게 다가가는 일이 별로 어렵지 않은 사람이다. 어렸을 때부터 그랬다. 새로운 공간에서도 쉽게 나를 소개하고, 또 상대방이 누구인지 궁금해 했었다. 그래서 적응 기간이 꽤 지났음에도 아이가 친구들에게 말 걸기가 쑥스럽고 어렵다며 머뭇거리는 게 잘 이해가 되지 않았다. 아직도 친구가 어색하면 어떡하지? 설마 유치원에서 계속 혼자 노는 건 아닐까? 이사하면 유치원을 옮겨야 하는데, 그땐 더 힘들어 할 텐데, 그럼 어떡하지? 나는 풀리지 않은 숙제를 안은 기분이었다.

고민을 해 봤지만 뚜렷한 해결책은 떠오르지 않았다. 그도 그럴 것이 내가 매일 아이 뒤를 따라다니며 아이의 자기소개를 대신 해 줄 수는 없지 않은가. 아이가 어렸을 땐 엄마들끼리 모여 친구를 만들어 줄 수 있다고들 생각하지만, 그건 잠깐 그래 보이는 것뿐이다. 친구를 사귀는 일은 절대 엄마가 대신 할 수 없다. 아이 스스로 해 나가야 할 평생의 일이다. 내 친구를 누가 대신 사귀어 준단 말인가. 억지로 친해지게 할 수도 없다. 굳이 어렸을 적 엄마 친구의 아들, 딸들과 전혀 친하지 않았던 내 어린 시절을 떠올려 보지 않아도 충분히 알 수 있는 사실이다.

친구에게 다가가는 일이 조금은 어려운 내 아이를 위해 엄마인 내가 할 수 있는 일은 응원하는 일뿐이다. 스스로 자신이 얼마나 멋지고 근사한 사람인지, 가치 있는 존재인지 알 수 있도록 아낌없는 사랑을 보내며 열심히 응원하고 또 응원해 주자. 그러다 보면 아이의 마음에 용기의 씨앗이 무럭무럭 자라지 않을까.

나는 매일 아침 유치원 문 앞에서 아이를 꼭 안아 주며 말한다.

"오늘도 화이팅! 엄마는 언제나 네 편이야!"

알사탕

백희나 글·그림, 책읽는곰

보이지 않는 마음은 어떻게 알 수 있을까? 마음을 들려주는 알사탕을 입 안에 넣고 살살 녹여 보자. 사랑하는 아빠의 마음, 그리운 할머니의 마음, 외로운 친구의 마음까지. 들린다 들려!

그럼 알사탕이 없는 아이들은 어떡하면 좋을까? 동동이가 혼자 노는 아이에게 다가가 "나랑 같이 놀래?"라고 말할 수 있었던 건 사실 알사탕 때문이 아니다. 자기도 모르는 사이 커져버린 동동이의 용기 덕분이다. 그러니 동동이처럼 해 보자. 흠흠, 목소리를 가다듬고 배에 힘을 꽉 준 뒤 떨리고 부끄러운 마음보다 용기를 앞에 두는 거다. 그리고 내 마음을 이야기하자. 아이들뿐 아니라 어른들에게도 많은 용기를 주는 고마운 그림책이다.

어휘력을 키워 주는 그림책 속 한 문장

"할머니, 내 목소리 들려?"

나는 풍선을 커다랗게 불어 보냈다.

동동이가 풍선 속에 목소리를 담아 할머니가 있는 하늘나라로 보내는 장면이다. 영영 만날 수 없는 이와도 풍선껌으로 대화를 나눌 수 있다니. 그림책이어서 가능한 일이지만 내심 진짜 이런 일이 가능했으면 좋겠다는 생각이 들었다.

아이가 마음을 표현하기 어려워한다면 이 장면처럼 풍선을 이용해 보자. "쑥스럽거나 부끄러워서 하기 어려운 말을 풍선 속에 넣어 보는 거야." 하고 말이다. 친구와 친해지는 일에 대해 너무 서두르지 말자. 일단은 아이가 입 밖으로 자신의 마음을 꺼내는 것이 먼저다.

아이와 재미있게 그림책을 보는 팁

그림책 『알사탕』을 원작으로 한 어린이 뮤지컬 〈알사탕〉은 원작에 충실한 스토리와 볼거리 많은 무대 구성으로 아이들에게 즐거움을 선사한다. 특히 노래로 주인공의 감정을 더욱 풍성하게 전달하여 아이들뿐 아니라 어른들의 마음에도 감동을 준다. 공연 관람이 어렵다면 뮤지컬 OST가 정식 음반으로 발매되었으니 그림책과 함께 노래를 감상해도 좋겠다.

한올진 실 짝꿍,
모두 다 함께 노는 즐거운 말

아이가 동물 피규어를 쪼르르 줄 세우고 유치원 놀이를 하고 있었다. 동물 피규어들은 학생이었고 아이는 제법 진지한 선생님이었다.

"자, 이제 마당 놀이하세요."

아이는 동물 학생들에게 놀이 시간을 주고는 동물 무리를 나누었다. 사자와 호랑이처럼 힘센 육식동물 무리, 토끼, 기린, 사슴 같은 초식동물 무리, 물에 사는 동물 무리 등 나름 규칙이 있어 보였다.

"근데 왜 이렇게 나눠서 놀아?" 하고 내가 묻자 아이는 별스럽지 않다는 듯 말했다.

엄마의 어휘력

"원래 그런 거야. 유치원에서도 그래. 여자 편, 남자 편."

놀이니까 하고 그냥 넘어갈 수 있었지만, 이상하게 아이의 말이 불편했다.

"동물 친구들아, 우리 같이 실 짝꿍 놀이 할래?"

나는 슬쩍 아이에게 놀이 속 놀이를 제안했다. 실 짝꿍 놀이는 '한올지다'라는 말에서 아이디어를 얻은 놀이다. '한올지다'는 두 사람 사이가 한 가닥 실처럼 매우 가깝고 친하다는 뜻의 우리말이다. 경계를 나누고 편을 가르는 선이 아닌 서로를 연결하는 선이라니! 왠지 운명의 인연처럼 들린다. 나와 다양한 색깔 실로 연결된 사람들을 떠올리면 기분이 좋아진다.

▶ 실 짝꿍 놀이법

준비물 : 다양한 종류의 동물 피규어. 여러 가지 색깔 실 혹은 털실.

1. 가장 먼저 짝꿍을 찾을 동물과 동물의 색깔 실을 정한다.
2. 동물의 특징을 말하고, 비슷한 특징을 가진 친구를 찾아 실로 연결한다. 예를 들어 엄마가 먼저 호랑이를 고른다. 그리고 호랑이의 특징 하나를 말하고 비슷한 친구를 다음과 같이 찾는다.
"나는 호랑이. 멋진 털을 가지고 있어. 나랑 같은 친구 누구?"
그럼 아이가 엄마의 말을 듣고 같은 특징을 가진 동물을 고른다. 아이는 공작새가 호랑이처럼 털이 멋지다고 골랐다. 그럼 호랑이의 색깔 실로 호랑이와 공작새를 서로 잇는 것이다.

3. 이번에는 첫 번째 동물과 연결된 동물의 특징을 말하고 이어질 또 다른 동물 친구를 찾는다. 아이가 "나는 공작새. 날개가 커. 나랑 같은 친구 누구?" 하는 식으로 말이다. 이번에는 엄마가 친구를 찾을 차례다. 나는 공작새와 독수리를 연결했다.

4. 이런 방식으로 특징을 말하며 동물들을 실로 연결하다 보면 거미줄처럼 얽히고설킨 동물의 세계를 만날 수 있다.

5. 한 번 연결된 동물이라도 얼마든지 또 다른 동물과 연결될 수 있다. 아이와 엄마의 대결 방식보다는 함께 힘을 합쳐 동물들을 연결시키면 더욱 즐겁다.

"우아! 다 연결됐다! 엄청 많이 연결됐다!"

놀이를 하면 할수록 얽히고설키는 알록달록 실이 양쪽으로 경계를 나눈 모습보다 훨씬 재미나 보였다.

우리는 세상을 살아가며 수많은 편 가르기를 경험한다. 그것들이 대수롭지 않고 당연한 상황이 되어 버리는 게 나는 무섭다. 단지 장난감을 가지고 놀 뿐인데 내가 너무 심각하게 받아들이는 건가 싶기도 하다. 하지만 아이가 너무 자연스럽게 남자와 여자로 편을 나누는 모습이 마치 어른들이 아이들에게 보여 주는 편 가르기 세상 같아서 괜히 찔렸던 것 같다. 얼마 전 초등학교 선생님께 들은 이야기 때문에 더 그랬는지도 모르겠다. 선생님은 특정 아파트 단지에 사는 아이들만 모아서 반 편성을 해달라는 일부 학부모의 건의를 받고 무척 씁쓸했다고 하셨다.

아이가 분류의 선이 아닌 연결의 선을, 하나의 선이 아닌 수백 수천 가닥의 실로 자신의 세계를 확장해 갔으면 좋겠다. 동물만 서로 연결되는 게 아니다. 사람에서 동물로, 동물에서 식물로 모든 것이 연결될 수 있도록 세상의 수많은 실 짝꿍들이 연결되길 바란다.

○ 함께 보면 좋은 그림책

너는 내 친구야, 왜냐하면……

권터 야콥스 글·그림, 윤혜정 옮김, 나무말미

한 아이가 등장해 다른 아이를 가리키며 말한다. "너는 내 친구야, 왜냐하면……." 그러고는 그 이유를 말한다. 지목당한 아이는 또 다른 아이를 가리키며 똑같이 친구인 이유를 말한다. 그렇게 한 아이에서 시작된 친구는 줄줄이 사탕처럼 이어지는데, 차이와 경계 없이 서로서로 연결된 아이들은 저마다의 이유로 다 함께 친구가 된다.

작가는 이 책을 통해 우정에 얼마나 많은 모양들이 있는지 이야기하고 싶었다고 한다. 이 세상에 아주 많은 아이들이 있는 것처럼 우정의 모양도 아주 다양하다고 말하는 책이다.

어휘력을 키워 주는 그림책 속 한 문장

"너랑 같이 가고 싶으니까! 가끔은 오래 걸릴 때가 있어도!"

친구가 휠체어를 타고 있다는 사실은 중요하지 않다. 조금 오래 걸려도, 함께 가고 싶으니까!

생김새도, 성격도 모두 다른 친구들이 함께 어울려 진정한 우정을 나누고 날마다 신나고 재미나게 살아가는 이야기를 만나고 싶다면, 동화 『곰돌이 푸우는 아무도 못 말려』를 추천한다. 열 가지 이야기가 한 권의 책에 담겨 있으므로 하루에 한 편씩 나누어 읽자. 그림책과 달리 글로 모든 장면을 묘사하는 동화의 매력을 쉽고 재미있게 느낄 수 있다.

"어떤 친구야?"
비난 대신 관심을 이끄는 말

"엄마, 나는 지훈이가 이상해."

"응? 그게 무슨 말이야?"

"진짜야. 너무 이상해."

아이는 자기가 놀고 싶은 친구가 있는데, 지훈이가 와서 그 아이를 데려갔다고 했다. 아이는 단단히 화가 나 있었다. 화가 났다는 말을 이상하다는 말로 표현한 것뿐이었다. 다음날에도 아이는 지훈이 이야기를 했다.

"엄마, 지훈이가 코를 팠어. 더러워."

"큭큭. 너도 파잖아."

"아니야. 나는 유치원에서는 안 파."

화가 쉽게 풀리지 않는 모양이다. 아이는 매일같이 눈에 불을 켜고 자신의 기준에서 지훈이의 나쁜 점들을 하나하나 찾고 있었다. 그대로 두면 안 될 것 같아 아이에게 물었다.

"지훈이 때문에 많이 속상했구나. 그런데 지훈이는 네가 자기 때문에 속상한 거 알아?"

"아니 몰라. 내가 말 안 했어."

"아, 말을 안 했구나. 그럼 지훈이는 모르고 있겠네."

"응."

"혹시 지훈이가 알면 미안하다고 하지 않을까?"

아이는 대답하지 않고 휙 자리를 떴다. '지훈이는 어떤 아이일까?' 나는 문득 아이의 친구가 궁금해졌다. 그리고 아이가 친구와 갈등이 있을 때, 그 친구를 험담하거나 비난할 때, 엄마인 나는 뭐라고 해야 할까 고민에 빠졌다. 무조건 아이의 속상한 마음을 달래 줘야 할까? 자칫 같이 흉을 보는 꼴이 되면 어떡하지? 이런저런 고민을 하다 보니 아이가 중·고등학생쯤 되었을 때 '내 마음에 들지 않는 친구와 어울리면 그땐 어떻게 해야 할까?' 하는 생각까지 이어졌다. 너무 먼 고민은 잠시 미뤄 두고서라도, 우선 아이의 친구에 대해 이야기하기 위해선 편견을 버리고 그 친구에 대해 알아야겠다.

며칠이 지나 아이가 또다시 지훈이 이야기를 꺼냈다. 이번엔 장난을 쳐서 선생님한테 혼이 났다는 이야기였다. 자신이 피해를 입지 않았는데도 아이는 지훈이에게 반감을 갖고 있었다. 나는 우선 휴대폰으로 유치원 선생님이 인터넷 카페에 그날그날 올리는 사진들을 살펴봤다.

"얘는 누구야? 얘는? 아! 얘가 지훈이구나."

아이의 반 친구들 이름을 하나하나 묻다 보니 자연스레 지훈이의 모습도 찾을 수 있었다.

"지훈이는 파랑색 티셔츠를 입었네. 머리가 조금 길구나."

지훈이의 겉모습을 하나하나 자세히 짚어 읽었더니 아이가 대답했다.

"응. 지훈이는 파랑색 좋아해."

"아. 파랑색을 좋아하는 지훈이구나. 또? 지훈이는 무슨 놀이 좋아해?"

"음. 악당 놀이 좋아해. 악당을 물리치는 놀이야. 나쁜 놀이 아니야."

"아. 악당 놀이를 좋아하는구나. 지구를 지키는 영웅이 되고 싶은가?"

"지난번엔 경찰관이 되고 싶다고 하더라."

"아. 경찰관. 지훈이는 용감한 사람이 되고 싶은가 보네. 네가 보기엔 어때? 지훈이 용감해 보여?"

나는 아이의 대답을 듣고 굉장한 사실이라도 알았다는 듯 다시 한 번 아이의 말을 되풀이해 말했다. 그리고 아이의 대답으로 다시 질문을 던졌다. 유려한 말로 아이를 타이르거나 도덕적인 이야기를 늘어놓으며 친구와 사이좋게 지내라는 말을 할 필요는 없을 것 같았다.

　나는 아이가 유치원이나 학교에서 만나는 모든 아이들과 친하게 지내야 한다고 생각하지는 않는다. 나의 어린 시절만 돌아봐도 그렇다. 좋아하는 친구, 관심 없는 친구, 싫어하는 친구, 좋아했다가 싸워서 싫어하게 된 친구, 별로 관심 없었는데 알고 보니 재미있는 애라서 좋아하게 된 친구 등등 다양한 친구 관계가 존재했다. 단 한 번도 반 아이 모두와 친하게 지낸 적은 없었다. 그런데 아이에겐 나도 모르게 버릇처럼 "친구랑은 사이좋게 지내야지."라고 말하곤 한다. 아이도 싫어하는 친구가 있을 수 있고 불편한 관계가 생길 수 있는데 말이다. 그렇다고 엄마가 된 입장에서 아이가 친구를 향한 부정적 감정을 계속 키워 가도록 그냥 두고 볼 수만도 없는 노릇이다. 나는 무조건 나쁜 점만 보는 것보단 그 친구가 어떤 친구인지, 아이 스스로 생각하고 선택하도록 하는 게 좋을 것 같았다. 그렇게 아이의 선택을 존중하고 싶었다.

　"맞아. 지훈이는 쫌 용감해. 지난번엔 거미도 잡았어."

　"으악! 거미를?"

　"응. 대단하지?"

　그리고 며칠 뒤 아이는 지훈이와 유치원 마당에서 신나게 놀았다고 이야기했다. 장난꾸러기지만 그래서 재미있다고 하면서 말이다. 아이는 친구와의 갈등을 자연스레 회복한 듯 보였다. 아직 아이가 어려서 가능한 일일지도 모르겠다. 조금 크면 관계가 더욱 세심하고 복잡해질 테니, 친구와의 갈등을 푸는 일이 매우 어려울지도 모른다.

하지만 그때도 내가 가장 먼저 할 일은 아이의 말을 잘 들어주는 것이다. 그리고 아이가 편견을 가지고 누군가를 평가하지 않도록, 상대방이 어떤 사람인지에 대해 관심 어린 질문을 던져야 할 것이다. 물론 "파랑색을 좋아해?"보다는 좀 더 어른스러운 질문을 해야겠지만 말이다.

◦ 함께 보면 좋은 그림책

이파라파냐무냐무

이지은 글·그림, 사계절

신비롭고 평화로운 마시멜롱 마을에 거대하고 새까만 데다 목소리까지 어마어마하게 큰 털숭숭이가 나타났다. 마시멜롱들은 털숭숭이를 적으로 생각하고 갖가지 방법으로 그를 물리치려 하는데, 단 한 명! 다른 생각을 하는 마시멜롱이 나타나 오해를 풀게된다. 겉모습 때문에 생긴 편견과 오해 그리고 화해의 경험이 담긴 책으로, 무엇보다 무척 유머러스하다! 털숭숭이가 외치는 '이파라파냐무냐무'의 뜻을 알면 모두가 박수를 친다.

"정말 털숭숭이가 우리를 냠냠 먹으려는 걸까요? 털숭숭이는 아무 짓도 하지 않았는데요."

절대 깨지지 않을 것 같은 오해와 편견은 한 사람의 용기로 쉽게 깨질 수도 있다. 모두가 털숭숭이를 오해하고 있을 때, 직접 가서 이야기를 들어 보겠다고 하는 용기 있는 자가 마시멜롱에는 단 한 명뿐이었지만 우리 아이들이 살아가는 사회에는 그런 사람들이 넘쳐나길 바란다. 이런 말을 하는 마시멜롱이 얼마나 멋진 친구인지 아이들에게 꼭 알려 주자!

아이와 재미있게 그림책을 보는 팁

『이파라파냐무냐무』의 재미 포인트는 바로 털숭숭이가 외치는 "이파라파냐무냐무!"다. 평상시 목소리로 읽지 말고 배에 힘을 꽉 주고 메아리가 울려 퍼지듯 큰 소리로 외쳐 보도록 하자.

이~파~라~파~ 냐~무~냐~무~~~~~~~~~!

웃음 가스,
우리 함께 웃을까?

    동화 『메리 포핀스』에는 제인과 마이클이라고 하는 두 아이가 유모인 메리 포핀스를 따라 위그 씨를 만나는 장면이 나온다. 위그 씨는 메리 포핀스의 삼촌인데, 1년에 단 하루 자신의 생일이면 웃을 때마다 몸에 웃음 가스가 가득 차 풍선처럼 둥실둥실 떠오른다고 한다. 풍선을 떠오르게 하는 헬륨 가스도 아니고, 사람의 몸을 떠오르게 하는 웃음 가스라니. 상상만 해도 풍선처럼, 솜사탕처럼 몸이 가벼워지고 기분이 좋아지는 이야기다.

    하루는 아이가 종일 "심심해."라는 말을 달고 다녔다. 이것저것 장난감을 권하기도 하고 만들기와 그리기를 할 수 있는 재료를 주기도 했지만 그것도 잠시 잠깐 뿐, 졸졸 쫓아다니며 심심하다 떼를 쓰는 아이에게 슬슬 짜증이 났다. 결국 할 일도 많아 죽겠는데 하루 종일 놀아 달라 하면 어쩌자는 거냐고 아이를 향해 화를 내고 말았다. 결과는 뻔하다. 아이는 울었고, 나도 울고 싶었다. 코로나19 유행이 길어지면서 이런 날이 매일 반복이다. 심심한 아이와 지친 엄마. 상황이 만든 갑갑함과 불안함은 아이와 엄마 모두에게 상처를 준다.

미안한 마음에 아이에게 책을 읽어 주겠다고 했다. 마침 아이가 『메리 포핀스』를 골라 왔다. 이럴 때 우리에게도 웃음 가스가 있다면 얼마나 좋을까? 깔깔거리면 거릴수록 몸은 더 둥실둥실 가벼워지고 그 모습이 우습고 재미나 자꾸만 자꾸만 더 웃게 되는, 그런 환상적인 일이 딱 필요한 순간인데 말이다.

"엄마, 우리도 하하하 웃으면 하늘로 부웅 떠올랐으면 좋겠다."

아이도 같은 마음이었나 보다. 나에게도 아이에게도 웃음이 필요한 순간이다.

"웃음 가스는 없지만 상자는 있지! 우리 웃음 상자 놀이 하자."

웃음 상자 놀이는 간단하다. 열심히 상대방을 웃기면 된다. 이기는 쪽도, 지는 쪽도 없다. 웃음과 관련한 다양한 의성어·의태어에 맞게 때로는 수줍게, 때로는 호탕하게, 때로는 자지러지게 상대방이 웃을 수 있도록 노력하면 된다. 나오는 단어에 맞게 웃기는 것이 중요 포인트이기도 하다. 아이의 몸 개그와 아빠의 방구 소리, 엄마의 간지럼에 함께 웃다 보면 행복은 참 별거 아니구나 하는 생각이 든다.

한바탕 신나게 웃고 나니 아이가 친구들 이야기를 꺼냈다.
"엄마, 이 상자 내일 유치원에 가져가도 돼?"
"왜? 가져가고 싶어?"
"응! 친구들이랑 같이 하면 진짜 재미있을 것 같아."
전에는 엄마와 아빠가 세상의 전부였는데, 이제는 재미난 놀이를 하면 친구들을 떠올릴 만큼 아이는 자랐다. "이 세상에 온 걸 환영해." 하며 아이와 만났던 게 엊그제 같은데 어느덧 자신의 세계를 점점 크게 확장해 가는 모습이 대견하면서도 내심 아쉽다. 조금만 더 엄마 곁에 있어 주었으면 하는 마음은 어쩔 수 없나 보다.

하지만 아이가 친구들과 함께 신나게 웃는 모습을 상상한다. 유치원에서 초등학교로, 중학교에서 고등학교를 거쳐 성인이 된 모습도 함께 말이다. 얼마나 다양한 사람들을 만나고 얼마나 많은 일들을 겪게 될까. 언젠가는 나도 모르는 세상을 경험하고 돌아와 나에게 들려주는 날도 올 것이다.

단지 웃음 상자 하나 유치원에 가져가겠다고 했을 뿐인데 그 먼 미래까지 상상하는 엄마 마음을 아이는 알까? 나는 싱긋 웃으며 "친구들한테 놀이 방법 잘 설명해 주고, 엄청 신나게 웃고 와!"라고 말해 주었다.

▶ 웃음 상자 놀이

1. 안이 보이지 않는 상자를 준비한다.
2. 웃음소리와 모양을 표현한 의성어·의태어 낱말 카드를 만든다.
3. 낱말 카드를 상자 안에 넣고, 한 사람씩 돌아가며 낱말 카드를 뽑는다.
4. 상대방이 낱말 카드에 나온 웃음소리를 낼 수 있도록 최선을 다해 상대방을 웃긴다.

참고로 웃음과 관련한 의성어·의태어 몇 가지를 소개하면 다음과 같다. 이 외에 우리 가족과 친구들의 웃음소리를 관찰하고 낱말 카드에 적는 것도 또 다른 재미다.

- **아하하** 거리낌 없이 큰 소리로 웃는 소리.
- **으하하** 입을 크게 벌리며 거리낌 없이 크게 웃는 소리.
- **어허허** 점잖게 너털웃음을 웃는 소리.
- **해-해** 입을 조금 벌리고 자꾸 힘없이 싱겁게 웃는 소리. 또는 그 모양.
- **호-호** 입을 동그랗고 작게 오므리고 간드러지게 웃는 소리. 또는 그 모양.
- **히득-히득** 자꾸 가볍고 실없이 웃는 소리. 또는 그 모양.
- **까르르** 주로 아이들이 한꺼번에 자지러지게 웃는 소리. 또는 그 모양.

- **깔깔** 되바라진 목소리로 못 참을 듯이 웃는 소리.
- **껄껄** 매우 시원스럽고 우렁찬 목소리로 웃는 소리.
- **낄낄** 웃음을 억지로 참으면서 웃는 소리. 또는 그 모양.
- **방그레** 입만 조금 벌리고 소리 없이 보드랍게 웃는 모양.
- **벌쭉-벌쭉** 속의 것이 드러나 보일 듯 말 듯 자꾸 크게 벌어졌다 우므러졌다 하며 웃는 모양.
- **벙실-벙실** 입을 조금 크게 벌리고 자꾸 소리 없이 환하고 부드럽게 웃는 모양
- **빵글-빵글** 입을 조금 벌리고 소리 없이 귀엽고 보드랍게 자꾸 웃는 모양.
- **빵실** 입을 예쁘게 살짝 벌리고 소리 없이 밝고 보드랍게 한 번 웃는 모양.

〈출처 : 국립국어원 표준국어 대사전〉

○ 함께 보면 좋은 그림책

뭐든 될 수 있어
요시타케 신스케 글·그림, 유문조 옮김, 위즈덤하우스

엄마가 빨래를 개는 동안 심심해서 뒹굴거리던 나리가 엄마에게 놀이를 제안한다. 자신이 흉내 내는 게 무엇인지 맞추라는 건데, 엄마의 반응은 시원치 않다. 아이의 기상천외한 문제들을 엄마

는 단 한 문제도 맞추지 못하는데, 사실 맞추고 싶은 생각도 없어 보인다. 하지만 책을 읽는 독자들은 다르다. 도대체 무얼 흉내 낸 걸까? 너무너무 궁금하다.

그림책 속 놀이를 그대로 엄마와 아이의 놀이로, 아이들끼리의 놀이로 가져오자. 충분히 신나게 웃을 수 있다.

어휘력을 키워 주는 그림책 속 한 문장

"나리가 흉내를 내면 그게 뭔지 엄마가 맞히는 게임이야!"

그림책과는 반대의 상황으로 엄마가 아이에게 말해 보자. "엄마가 흉내를 내면 그게 뭔지 네가 맞히는 게임이야. 자, 뭘까?" 멋지면서도 조금은 어설프게, 가끔은 우스꽝스럽게 우리 주변의 무언가를 몸으로 표현해 보자.

아이와 재미있게 그림책을 보는 팁

요시타케 신스케 작가의 그림책 중 『주무르고 늘리고』 역시 이야기 그대로 아이와 엄마의 놀이가 되는 그림책이다. 책은 밀가루 반죽을 주무르고 늘리는 이야기지만 나는 미술치료실에서 촉감 놀이 재료로 많이 사용하는 천사점토를 추천한다. 부드러운 촉감의 천사점토 한 덩어리를 아이와 함께 신나게 주무르며 말랑말랑 기분 좋은 놀이 시간을 가져 보자. 도구를 사용하기보다는 맨손으로 마음껏 촉감을 느끼기를 추천한다.

대화하며 상상하며,
스스로 만든 이야기를 들려주는 아이

네 살 때 아이는 자기가 좋아하는 장난감을 나도 좋아한다고 철석같이 믿는 것 같았다. 세상에 이렇게 재미있는 걸 싫어할 이유가 엄마에게 절대 있을 리 없다고 생각하는 것 같았다.

"장난감 방에 가자. 장난감 가지고 놀자. 엄마 나하고 놀자."

그 말이 나에겐 종종 지루하고 힘든 일의 시작을 알리는 말이라는 걸 아이는 모를 것이다. 아이가 알게 된다면 아주 큰 배신감과 충격에 빠질 것 같아 나는 수시로 마음을 다잡았다.

'그래, 놀아 준다고 생각하지 말고, 같이 논다고 생각하자! 나도 재미있고, 너도 재미난 걸 해 보자.'

하루는 아이가 동물 인형을 모두 꺼내 두고 놀자고 했다. 어제도 하고 엊그제도 한 동물 놀이였는데, 매일매일 해도 아이는 재미있나 보다.

'그래, 나도 재미나게 놀아보자.'

다시 한 번 마음을 다잡는다. 그리고 아이의 동물 역할 놀이에 장단을 맞추며 슬쩍 계산된 대화를 시도했다.

"나는 원숭이야. 나는 나무타기를 정말 좋아해. 그런데 여기엔 커다란 나무가 없어서 좀 슬퍼. 혹시 너희들 중에 나무가 필요한 친구 없니?"

아이는 다람쥐를 손에 쥐고 심각하게 대답했다.

"나! 나는 도토리나무가 필요해."

"그럼 우리 그림 잘 그리는 숲속 요정님한테 가서 부탁해 보자!"

나는 얼른 숲속 요정이 되었다. 그러고는 아이의 머릿속에 그려지는 숲의 풍경을 쓱쓱 전지에 그려 나갔다.

"요정님, 버섯도 주세요."

아이가 재미있는지 상황을 이어나갔다.

"그래, 무슨 버섯을 줄까? 골라 보렴. 힘센 버섯. 눈물 버섯. 초코 버섯. 크리스마스 버섯."

내가 이런저런 버섯 모양을 그리니 이내 아이도 그림을 그리기 시작했다. 숲속에 사는 요정과 동물 친구들, 신기한 버섯들과 곤충들의 대화로 그림 속에서 이야기가 한가득 만들어졌다. 그림책이 따로 없었다.

"엄마, 나랑 노니까 정말 재밌지?"

'그래, 놀아 달라고 할 때 후회하지 말고 놀아 주자. 언제까지 엄마랑 노는 게 제일 재미있다고 할지 모르는데 지금 이 순간을 즐기는 거야!'

나는 아이에게 정말 재미있다며 엄지손가락을 치켜들었다. 그리고 그날 이후 나와 아이의 단골 놀이는 함께 그림을 그리며 이야기를 만드는 게 되었다.

어떤 날은 공룡 나라로, 어떤 날은 우주로, 크레파스만 있으면 어디든 상상 여행이 가능했다. 하루는 아이가 동그라미에 찍찍선 몇 개를 그리며 말했다.

"엄마, 그림 그리자. 엄마, 문어가 친구가 없어서 울어. 슬프대."

이번엔 내가 슬픈 문어의 마음을 달래 줘야 할 차례다.

"울지 마, 문어야. 달님이 별 요정들을 보내 줄게."

나는 문어 곁에 별을 그리며 말했다.

"소용없어. 진짜 많이 슬프대."

"그럼 어떡하나. 아! 진짜 많이 슬픈 문어에게 별 요정들이 기분 좋은 선물을 주면 좋겠다."

"좋아! 문어는 초콜릿을 좋아해."

아이는 현실을 넘어 상상 속 이야기 세계에서도 나의 사랑을 끊임없이 확인하는 듯했다. 문어를 어르고 달래는 엄마의 그림들을 마치 자신을 안아 주는 엄마의 품인 것처럼 소중히 여겼고, 문어가 좋아할 만한 초콜릿, 사탕, 꽃, 인형 같은 선물이 척척 그림으로 탄생하자 마치 엄마가 자신의 마음을 알아주는 것마냥 신나했다. 소중하고 신나는 건 나도 마찬가지였다. 아이와 함께 그린 그림들과 그림 속 이야기들이 차곡차곡 쌓여가는 만큼, 아이와의 추억도 함께 많아지는 것 같아 참 좋았다.

그리고 2년 남짓 시간이 흘렀다. 요즘도 가끔 아이와 그림을 그리며 이야기 만들기를 한다. 하지만 이제 아이는 스스로 표현하고 싶은 게 많아졌고, 자신의 상상을 표현하느라 엄마의 이야기를 들을 틈이 없다. 자기가 만든 이야기를 들려주기를 더욱 좋아한다.

또 이제는 "엄마, 장난감 방에 가서 같이 놀자."고 이야기하는 경우도 별로 없다. 심심할 때면 이것저것 꺼내 혼자 집중해 만들기를 하고 짜잔! 하며 완성품을 내게 보여 주는 식으로 바뀌었다. 또 친구 누구를 초대하고 싶다거나 누구네 집에 놀러 가고 싶다고 이야기하며 친구와 노는 걸 더욱 좋아한다. 단짝 친구가 놀러 오면 둘이서 방문을 닫고 노는 경우도 많다.

"엄마, 방해하면 안 돼."라고 말하기도 해서 내가 그 틈에 끼어들 수가 없다. 두 아이가 노는 모습을 가만히 들여다보면 친구와 함께 이야기를 지어 내며 다양한 역할 놀이를 한다. 공룡이 되었다가, 요리사가 되었다가, 어떤 날은 범인을 잡는 탐정이 되기도 한다. 나와 함께 그림을 그리며 이야기를 만들고 역할 놀이를 했던 것에서 한발 더 나아가 누가, 무슨 역할을 할 것인지 의견을 조율하고, 섬세하게 상황을 연출한다. 엄마와 함께 만든 이야기들을 차곡차곡 쌓으며 아이는 더 크게 자라 있었다. 자기만의 세계를 열심히 확장하면서 말이다. 서운한 마음은 잠시 넣어 두고 아이의 세계를 응원하게 된다. 늘 그랬듯 내가 할 수 있는 건 마르지 않는 응원과 사랑을 아이에게 보내며 아이가 나를 필요로 할 때 곁에 있어 주는 것이니까.

문득 '2년 전 내가 아이와 노는 걸 계속해서 지루해 했다면 어땠을까?' 싶다. 정말 후회했을 테다. 나름 신나게 논다고 놀았어도 '이렇게 빨리 아이 마음이 변할 줄 알았다면 조금 더 신나게 같이 놀 걸.' 싶으니 말이다.

그나마 마음의 위안이 되는 건 그래도 아직까지는 엄마가 세상에서 제일 좋다고 이야기한다는 것이다. 좋다고 할 때 마음껏 안아 주고 실컷 뽀뽀해 줘야지. 분명 내 생각보다 훨씬 빠른 시일 내에 "엄마, 이러지 마세요."라고 할 것 같으니 말이다. 조금만 천천히 자라면 참 좋을 텐데, 아이는 정말 너무 빨리 커 버리는 것 같다.

이야기 기다리던 이야기

마리안나 코포 글·그림, 레지나 옮김, 딸기책방

새하얀 종이 위에서 이야기가 찾아오기를 기다리는 그림책 속 주인공들의 이야기다. 책이 완성되기 위해서는 이야기가 와야 하기 때문에 다들 아무것도 하지 않고 이야기를 기다린다. 그때 꼬마 토끼가 한쪽에 그림을 그리기 시작한다. 자신이 그리는 세상이 곧 이 책의 이야기라고 당당히 보여 주는 토끼의 모습이 무척 멋있다! 다른 친구들도 더 이상 이야기를 기다리지 않는다. 함께 그리고 놀며 멋진 아이들의 세상이 만들어진다.

어휘력을 키워 주는 그림책 속 한 문장
"우리는 이미 이야기가 있는 걸. 너에게도 들려줄 테니 여기 앉아 봐!"
우편배달부가 늦어서 미안하다며 이야기를 전하려 하자, 우리는 이미 이야기를 가지고 있다고 말하는 아이들의 대사다. 마치 엄마에게 자기가 만든 이야기를 들려주는 아이의 모습 같아 대견하고 즐겁다! 아이들에게 네 안에는 이미 수많은 이야기가 들어 있다고 말해 주자. 그리고 엄마는 언제든 네 이야기를 들을 준비가 되어 있다고도.

아이와 재미있게 그림책을 보는 팁
『이야기 기다리던 이야기』는 '네가 그리는 그림과 지어내는 이야기가 바로 이 그림책의 주인이 될 수 있어!' 하는 메시지를 전하면서 아이들에게 '나도 작가가 될 수 있다'는 자신감을 준다. 여기에서 한 발 더 나아가 '이 책을 완성하는 건 바로 너야! 네가 이 책의 작가야!'라고 말하는 책 『이야기 길』도 함께 보자. 주인공은 누구로 할지, 주인공이 어디로 가는지 등 아이들에게 주도적으로 이야기를 선택하도록 하는데, 읽을 때마다 다른 이야기가 만들어져 무척 재미있다.

함께하면 더욱 즐거운
✧ 전래 놀이 ✧

아이들은 놀기 위해 태어난 존재다. 아주 먼 옛날 아이들도 그랬고 요즘의 아이들도 그렇다. 혼자 놀고, 둘이 놀고, 여럿이 놀며, 슬기와 지혜를 키우고, 어울리는 법을 배운다.

여럿이 더불어 살아가는 것을 중시한 조상들의 마음 때문일까? 우리나라 고유의 전래 놀이 중에는 모두가 함께 어울리며 하기 좋은 놀이들이 많다. 요즘 사람들의 모습을 보면 각자의 휴대전화만 바라보느라 함께 있어도 함께 있는 게 아닌 순간들이 많다. 자연스레 나누는 이야기와 관심이 줄어든다. 그렇기 때문에 우리에겐 더욱 전래 놀이가 필요하다. 아이들이 가족과 함께 혹은 친구와 함께 신나게 떠들고 뛰어놀았으면 좋겠다.

• 그림자놀이 : 손으로 여러 가지 동물 모양 그림자를 만들고, 이를 맞추는 놀이다. 누가 손으로 동물을 더 잘 만드는지 겨룰

272   엄마의 어휘력

수도 있고, 가장 많이 맞추는 사람이 승리할 수도 있다. 굳이 이기고 지는 대결을 하지 않아도 깜깜한 밤, 손전등을 이용해 그림자를 만들면 그저 재미있다.

• 사방치기 : 바닥이나 종이에 1부터 8까지 숫자가 적힌 여덟 개의 방을 그리고, 각 방에 차례로 돌을 던진 뒤 방을 차례로 돌았다가 다시 돌을 주워 오는 놀이다. 돌을 던진 방에는 발을 디디면 안 되고, 금을 밟아서도 안 된다. 엄마, 아빠도 어렸을 때 많이 했던 놀이니, 아이와 함께 사방치기를 하며 추억에 빠져 보자.

• 손뼉 치기 : 두 사람이 마주 보고 노래를 부르며 여러 방식으로 손뼉을 마주치는 놀이인데, 노래마다 손뼉을 치는 방법이 다르다. 가장 유명한 노래는 "푸른 하늘 은하수 하얀 쪽배에……."로 시작하는 '반달'이란 노래다. 지역마다 조금씩 손뼉 치는 방법이 다르니 엄마, 아빠가 아는 방식을 아이에게 가르쳐 주고 함께하면 재미있다. 아이들이 친구와 마주 앉아 노래를 부르며 손뼉을 치는 모습은 정말 사랑스럽다.

• 강강술래 : 여럿이 함께하는 전래 놀이를 꼽자면 단연 강강술래다. 둥글게 서서 서로 손을 잡고 노래를 부르며 빙글빙글 돈다. 강강술래를 할 때 부르는 노래들은 지역마다 다양한데, 노랫말이 재미있으니 하나쯤 외워서 아이에게 알려 주면 좋겠다.
"솔밭에는 솔잎도 총총 강강수월래. 대밭에는 대입도 총총 강강수월래. 하늘에는 별도 총총 강강수월래……."

친구랑은 무조건 친해야 하는 걸까?

✧ 아이의 또래 관계 ✧

많은 부모들이 아이의 또래 관계와 관련해 다양한 고민을 한다. 우리 아이가 자꾸만 친구를 때리는 게 걱정인 경우도 있고, 친구들과 쉽게 어울리지 못하고 주변을 맴돌기만 해서 걱정인 경우도 있다. 또 아이가 특정 친구하고만 놀려고 하는 것도 걱정이고, 친구에게 관심이 없는 것도 걱정이다.

아이들이 겪는 문제는 매우 다양하고 다르지만 사실 걱정하는 부모의 마음은 99.9퍼센트가 같지 않을까? '어떻게 하면 우리 아이가 친구랑 사이좋게 잘 지낼까?' 하는 마음 말이다. 그러다 보니 나도 모르게 아이에게 "친구랑 사이좋게 지내는 거야. 친구한테 양보해야지. 친구한테 먼저 인사해야지. 친구랑 가서 놀아. 친구들을 사랑해야지.' 같은 도덕 교과서 같은 말을 하게 된다.

여러 육아서나 아동심리 관련 서적에서도 아이들의 또래 관계를 중요하게 다루는데, 그래서 이와 관련해 다양한 해결 방안을 소개한다. 예를 들어 친구를 때리는 아이에게는 반복적으로 타이르면서 말로 마음을 표현하도록 지도하라고 한다. 수줍음이 많아 또래 관계가 쉽지 않은 아이에게는 한두 명의 친구들과 아

엄마의 어휘력

이가 익숙한 환경에서 만나 관계를 가지도록 하고, 사회적 경험을 늘려 주라고 조언한다.

그런데 앞선 에피소드에서도 밝혔지만 나는 자꾸만 엉뚱한 생각이 든다. 꼭 모두와 친하게 지내야 하는 걸까? 정말 친구에게 양보하는 게 좋은 방법일까? 무조건 잘 대하면 친구가 나를 좋아할까?

'모든 친구', '무조건 잘해 주기'에 대해서는 곰곰이 생각해 볼 필요가 있다. 사회성 발달은 유아기 아이들의 중요한 발달 과업 중 하나다. 기본적인 사회의 규칙들을 배우고 타인과의 관계를 시작하기 때문이다. 아이들은 장난감을 함께 가지고 놀고, 간단한 규칙을 정해 놀이를 하는 등 어떻게 하면 친구와 즐겁게 놀 수 있을까 생각하고 행동하며 사회성을 키운다.

그런데 이 시기에는 아이들 각자의 성격과 기질이 분명히 드러나고 취향 역시 생기기 마련이다. 또 아직은 타인의 마음에 공감하기보다는 자신이 느끼는 감정이 무엇인지 알고 표현하는 것에 집중하는 시기이기도 하다. 그렇기 때문에 많은 아이들이 '친구의 마음'보다는 '내 마음'이 먼저고, 자신과 성향이 잘 맞는 친구와 함께하는 걸 좋아한다. 당연한 일이다.

그래서 '모든'과 '무조건'은 가장 중요한 '내 아이의 마음'을 배려하지 않는 단어일 수 있다. 어른 역시 나의 마음을 들여다보지 않고 타인의 마음에만 집중하면 건강한 대인관계를 맺을 수 없다. 아이들도 마찬가지다. 가장 중요한 것은 자신을 존중하고 사랑하는 마음이다. 건강한 자아존중감이 바탕이 될 때 아이들은 타인의 마음 역시 존중할 수 있는 힘을 기른다.

그러니 아이가 또래 관계에서 겪는 문제를 마주할 때 '무조건 친구랑은 친하게 지내는 거야.'가 아닌 '그래. 우리 ○○이 마음이 그랬구나!' 하고 아이의 마음을 먼저 알아주었으면 좋겠다. 부모가 나를 인정하고 사랑한다는 걸 느낄 때 아이는 자신감을 가지고 친구에게 다가설 수 있기 때문이다.

그러고 난 뒤 '친구 마음은 어땠을까?' 하고 타인의 마음을 알도록 하면 어떨까? 아이들은 자연스레 타인과 어떻게 관계를 맺고 잘 지낼 수 있는지 즐겁게 뛰어놀며 습득한다. 함께 놀며 친구를 사귀는 데 있어선 아이들이 어른들보다 훨씬 낫다. 정말 잘한다.

더불어 아이들의 또래 관계에 도움을 줄 그림책 두 권을 소개한다. 그림책은 아이의 또래 관계와 관련한 다양한 간접 경험을 제공한다. 또 다른 사람의 마음을 이해하거나 갈등을 해결하는 방법을 배우기도 한다.

우리가 바꿀 수 있어
프리드리히 카를 베히터 글·그림, 김경연 옮김, 보림

꼬마 물고기 하랄트, 꼬마 돼지 잉게, 꼬마 새 필립. 세 꼬마는 각자가 사는 환경에서 친구를 찾지만 주변에 아이들이 없어 너무 심심하고 외롭다. 그러던 중 서로를 발견한 세 꼬마. 하지만 잘하는 것도 살아온 환경도 너무 달라 함께 노는 게 쉽지 않다. 어른들은 세 꼬마의 조합을 이상하다고 여길 뿐이다. 하지만 세 꼬마는 각자가 잘하는 것, 못하는 것을 인정하고 도와가며 함께 노는 방법을 터득한다. 어른들의 입장에서 물고기와

엄마의 어휘력

돼지, 그리고 새가 친구가 되어 함께 논다는 것은 정말 괴상한 일이다. 하지만 아이들은 다르다. 처음부터 다르게 생겼지만 분명 함께 놀 방법이 있을 거라 생각한다. 하나하나 자신이 잘하는 것, 부족한 것을 이야기하며 셋이서 함께 놀 수 있는 방법을 찾아낸다. 어른들의 시선처럼 같은 모습이어야만 친구가 되는 건 아니다. 하랄트와 잉게, 필립은 달라도 친구가 될 수 있고, 달라서 더 재미있다는 걸 유쾌하게 보여 준다.

똑, 딱
에스텔 비용-스파뇰 글·그림, 최혜진 옮김, 여유당

세상에서 둘도 없는 친구 똑이와 딱이의 이야기다. 똑이와 딱이는 뭐든지 함께하고 언제나 붙어 다니는 둘도 없는 친구다. 그러던 어느 날, 딱이가 사라졌다. 똑이는 너무 놀라 여기저기를 돌아다니며 딱이를 찾다가 다른 새들과 함께 즐겁게 놀고 있는 딱이를 발견하게 된다. 똑이는 큰 슬픔에 빠진다. 딱이가 자신이 옆에 없는데도 행복하다니 믿을 수가 없었다. 하지만 우연히 발견한 꽃 한 송이와 다시 자신을 찾아와 새로운 도전에 성공한 이야기를 들려주는 딱이를 통해 슬픔을 이겨 낸다. 각자의 시간을 즐겁게 지내고 다시 만나 그 경험을 함께 나누는 똑이와 딱이! 책은 더욱 좋은 친구로 성장한 똑이와 딱이를 통해, 자신을 돌보고 사랑하는 아이가 더욱 건강하고 즐거운 또래 관계를 만들어 나갈 수 있음을 멋지게 보여 준다. 아이들이 내가 좋아하는 친구가 나하고만 놀지 않을 때 당장은 힘들고 아프겠지만, 생각을 바꾸면 똑이와 딱이처럼 더 멋진 친구 사이로 발전할 수 있음을 느끼길 바란다.

6장

엄마도 아이의 언어를 먹고 자란다!

아이가 열어 주는 또 다른 세계

엄마의 보살핌 속에서 아이는 자란다.
엄마는 아이에게 안전하고 좋은 환경이 되어 주고 싶다.
그렇다면 엄마는 늘 아이에게 주기만 하는 존재이고
아이는 늘 엄마에게 받기만 하는 존재일까?
아이와 엄마의 관계는 대화와 같다.
절대 한 방향일 수 없다.
엄마가 아이를 향해 수많은 말을 건네듯
아이 역시 엄마를 바라보며 언제나 말을 한다.
서로를 바라보며 주고받는 대화 속에서
엄마와 아이는 함께 자란다.

"엄마!
언제나처럼 웃으면서 만나!"

　　출근 준비와 등원 준비로 바쁜 아침, 허둥대며 집 나설 준비를 하는데 아이가 내 손을 잡으며 말했다.

　　"엄마! 언제나처럼 웃으면서 만나!"

　　"와, 진짜 그 말 너무 기분 좋다! 힘이 마구 나는데!"

　　"왜? 내 말이 그렇게 좋아?"

　　내가 기뻐하며 대답하자 아이는 어깨를 으쓱하며 별거 아니라는 듯 새침한 표정을 지었다.

　　"응. 너무너무 좋아! 엄마가 하루 종일 진짜 기분 좋게 일하고, 유치원에 데리러 갈 수 있을 거 같아. 친구들이랑 신나게 놀고 이따가 활짝 웃으면서 나와야 해."

"오케이!"

아이의 씩씩한 대답 소리에 오늘 하루를 정말 잘 보내야지 하는 다짐이 들었다. 매일 이렇게 하루를 시작한다면 정말 하루하루가 달콤하겠다 싶었다. 이렇게 멋진 순간을 공유하지 못하고 이른 새벽 출근을 한 남편이 안쓰럽기도 했다.

"진짜 오늘 우리 아들이 최고다! 완전 완전 인간 비타민!"

나도 덩달아 신이나 큰 소리로 외치며 엄지손가락을 힘껏 치켜들었다.

아이가 처음 어린이집을 등원할 때만 해도 아침 등원 시간은 그야말로 고통의 시간이었다. 매일 같이 코가 빨개지게 우는 아이를 억지로 선생님 손에 딸려 보내고 주차장을 쉬 떠나지 못했다. 안절부절못하며 늘 마음 한구석이 무거웠다. 대학원 발달심리학 수업 시간이면 그놈의 애착이론이 왜 그리도 마음을 콕콕 쑤셔대던지……. 하지만 애써 괜찮은 척, 씩씩한 척, 어린이집 문앞에서 아이를 붙잡고 매일 같이 이야기했다.

"좋은 하루 보내. 신나는 하루 보내. 이따가 웃으면서 만나자."

어쩌면 나를 향한 주문이었는지도 모르겠다. '최선을 다해서 일하고 공부하고, 조금 이따 엄마로 돌아가야지.' 하는 주문 말이다. '속상해 하지도 안타까워하지도 말고, 웃는 얼굴로 기쁘게 아이를 만나야지.' 하며 나는 나를 위로했다. 그리고 잠시나마 엄마와 떨어져 불안한 아이를 안심시켰다. 언제나처럼 웃으며 엄마는 돌아올 거라고 말이다. 그런데 이제 그 주문을 아이가 내게 전해 주고 있다니! 정말 엄지손가락이 절로 세워지고 마음이 벅차오를 수밖에!

엄마도 사람인지라 작은 아이의 입에서 싫은 소리가 나오는 것보단 긍정적이고 예쁜 말이 나올 때 기분이 좋다. 한동안 아이가 "싫어! 안 해! 무서워!" 같은 부정어를 입에 달고 다니던 때가 있었다. 몇 자 되지 않은 어휘력을 가지고 자신을 더듬더듬 표현하기 시작했던 그때의 아이는 조금만 불편하거나 자기 마음에 들지 않으면 "싫어!" 하며 소리를 질렀다. 그땐 그 부정적 말과 감정을 온전히 받아내야 하는 입장으로서 '너도 답답하니까 그렇겠지.' 하고 애써 이해하려 했지만 어떤 날은 정말 같이 화를 내고 악을 쓰고 싶은 심정이었다.

하지만 아이는 이내 감정과 감각을 표현하는 단어들을 하나씩 익혔고, 다른 사람들과 이야기를 나누면서 "싫어!"를 대체할 수 많은 표현들이 있음을 알게 되었다. 또 그만큼 좋은 것들을 표현하는 말 역시 점점 많이 알게 되었다. 아이는 커가면서 싫었던 것도 막상 경험해 보면 꽤 괜찮을 수 있다는 점을 배웠고, 처음엔 무서웠던 것들이 생각보다 별 게 아닐 수 있다는 점도 알게 되었다. 아이의 말이 풍성해지는 만큼 나는 아이를 조금 더 이해하게 되었고 우리는 다정한 말로 서로의 마음을 쓰다듬게 되었다.

그러니 아이의 성장 과정에서 찾아오는 문제와 도전들을 곁에 있는 엄마가 너무 애태우며 걱정하지 않았으면 좋겠다. 아이는 처음엔 무서워하며 내려오지 못했던 미끄럼틀을 이내 "신난다!" 하며 쭈욱 미끄러져 내려올 테고, 힘들다며 안아 달라고 떼쓰던 산책길에서 "나 따라와!" 하며 먼저 나를 앞질러 힘차게 달려 나갈 테니까 말이다. 어린이집 앞에서도 걱정과 미안함은 살짝 내려놓고, 대신 조금 더 환히 웃으며 말해 주자.

"오늘도 즐겁게 보내다가 이따 웃으며 만나자!"

∘ 엄마를 위한 그림책 한 권

하지만 하지만 할머니

사노 요코 글·그림, 엄혜숙 옮김, 상상스쿨

"하지만 나는 99살인 걸." 하며 고양이가 제안하는 모든 경험들을 거절하던 할머니가 우연히 다섯 살이 된다. 물론 시간을 거꾸로 거스른 것은 아니고, 생일날 케이크에 초를 다섯 개만 꼽게 되면서 "그럼, 이제부터 다섯 살이다!" 하고 선언해 버린 것이다. 그런데 다섯 살의 마법은 무척 세다. '하지만' 때문에 할 수 없었던 일들을 한 번쯤 해 보고 싶게 만들기 때문이다. 긍정적으로 생각하면 내가 생각했던 것 이상의 많은 것들을 경험하고 해낼 수 있다. 아이들에게도 용기를 주는 책이지만 엄마에게도 분명 힘이 되는 이야기다. 우리 아이들은 생각보다 대단하다. 할 수 있는 것들이 아주 많다. 아이의 힘을 믿자. 그리고 엄마의 마음도 한 번 돌아보자. 혹시 '하지만'이라고 말하며 무언가 도전하기를 주저하고 있지는 않은지 말이다.

"엄마,
아직은 알고 싶지 않아"

　아이를 키우는 과정에서 다른 아이와 내 아이를 한 번도 비교하지 않는 부모가 있을까? 아이가 태어나기 전부터 '나와 내 아이의 속도대로, 나답게!' 아이를 키우겠다 다짐했지만 그게 얼마나 힘든 일인지는 신생아 때부터 바로 깨달았다. 조리원 동기들 중 누구네 집 아이가 뒤집기에 성공했단 소식이 들려오면 그날부터 우리 집 아이가 느린 건 아닌지 살펴보고 걱정을 했다. 보통 세 살 때는 기저귀를 뗀다는데, 왜 우리 아이는 배변 훈련이 이리 힘들까 고민하기도 했고, 말 잘하는 옆집 아이를 보며 꽤 말이 빠른 편임에도 불구하고 우리 아이는 왜 저 말을 못하지? 생각했던 적도 있다. 아이가 조금 더 자란 뒤에도 마찬가지다. 한글을 언제 떼는지, 자전거를 혼자 탈 수 있는지, 키는 큰지 작은지, 비교하려고 마음만 먹으면 비교할 거리는 넘쳐난다.

그런데 이상하다. 우리는 분명 세상의 모든 사람들이 다르다는 걸 알고 있다. 그런데 왜? 모든 아이들이 같은 속도로 자라야 한다고 생각하는 걸까? 왜? 남의 집 엄마가 말하는 시기에 반드시 뒤집고, 말하고, 기저귀를 떼고, 숫자를 세고, 한글을 읽고, 악기를 다루고, 영어로 대화할 수 있어야 하는 걸까? 아이의 성장에 정해진 매뉴얼이라도 있는 것처럼 말이다.

그래서 나는 비교의 마음이 조금이라도 들려 하면 머리를 저으며 마음속으로 다시 한 번 다짐하곤 했다. '아이의 속도대로, 아이가 원하는 것들을 살펴 주자.' 하고 말이다.

그런데 위기는 아이가 일곱 살이 되던 해 1월에 찾아왔다. '아이의 속도'를 마음속으로 계속 꾹꾹 눌러 새기면서도 내심 '그래도 일곱 살이 되면 한글은 좀 알고 싶어 하겠지?' 하는 마음이 크게 있었나 보다. 그런데 이게 웬걸, 아이는 여섯 살 12월과 전혀 달라지지 않았다. 슬쩍 관련 그림책을 앞에 두면 "이거 재미없잖아." 하며 외면하기 일쑤였고, 글자를 놀이처럼 가르친답시고 한두 글자를 알려 주었더니 이내 "공부는 어려워." 하며 자리를 떴다.

공부는 어렵다니! 정말 억울했다. 아이의 일곱 살 인생 내내 공부에 '공'자도 시키지 않은 엄마인데 말이다. 순간 '내가 너무 놀게만 했나?' 싶어 나의 육아 방식에 의심이 갔다. '한 번도 시키지 않았는데 어렵다니……. 내년이면 학교도 가야 하는데, 애를 어쩌지.' 머릿속이 복잡해졌다. 잘 노는 게 최고라고 생각하면서도 내심 '이렇게 잘 놀리면 공부는 스스로 하겠지?' 하는 욕심이 내 안에 있었다는 걸 확인한 순간이었다. 그때 아이가 평소 좋아하는 그림책 한 권을 들고 왔다.

"엄마, 읽어 줘."

"응. 근데 한글 배워서 혼자 읽고 싶지 않아?"

"아직은 알고 싶지 않아. 엄마가 읽어 주는 게 재밌어."

"어. 그래."

아이의 말에 나는 애써 혼란스런 마음을 숨기고 그림책을 읽어 주었다. 다 읽고 나자 아이가 말했다.

"역시, 엄마가 읽어 주는 게 제일 좋아. 근데 엄마, 나 가을에는 한글 배울 거야."

"어? 진짜?"

"응. 학교 가기 전에는 배우고 싶어. 알았지? 그때 꼭 알려 줘?"

아이는 그림을 그리겠다며 방으로 들어갔다. 순간 나도 모르게 웃음이 났다. 안심이 된 거다. 아이는 자신이 알아야 하는 것에 대한 인식을 분명히 하고 있었다. 그리고 그 시기까지 스스로 정해 놓았다. 참 기특하면서도 기가 막혔다. 학교 가기 전에는 배워야 하지 않겠냐니!

나는 여태껏 아이에게 "너의 속도를 존중해. 네가 원하는 걸 스스로 생각해 봐. 실패해도 괜찮아. 천천히 해도 괜찮아. 아직은 하고 싶지 않다고 표현하는 것도 멋진 일이야."라고 말해 주었다. 그런데 정작 아이가 그렇게 말하자 혼란을 느끼다니. 기가 막힌 건 아이의 태도가 아니라 나의 태도였다.

나는 다시 한 번 비교하지 않고 키워야지 다짐을 했다. 그리고 '남들처럼'이란 말의 '남들'에 옆집 아이, 친척집의 누구뿐 아니라 엄마, 그러니까 '내 기준'도 포함시켰다. 엄마의 기준 역시 아이에겐 타인의 생각일 뿐이니까 말이다.

남들처럼, 남들만큼을 바라는 육아는 어쩌면 우리 아이가 남들보다 아주 조금이라도 앞서가길 바라는 마음일지도 모르겠다. 하지만 남들보다 '조금 더 빠르게', '조금 더 특별하게'를 원하는 마음은 본의 아니게 아이를 타인과 비교하거나 다그치게 된다. 때론 부모의 선택을 강요하는 부작용을 낳기도 한다.

하지만 꼭 기억해야 한다. 아이가 원하는 것이나 아이가 할 수 있는 것보다 부모가 원하는 성과가 중요해지는 순간, 부모의 마음에는 불안과 초조가 생긴다는 것을 말이다. 아이는 부모가 자신의 가능성이나 능력을 믿지 못하기 때문에 자신을 기다리지 않는 거라고 여길 수 있다. 나부터 아이를 믿지 못해 이것저것을 채워 주고 도와주고 이끌어 줘야 한다고 생각하면서, 아이가 더 넓은 세상에서 자신의 가능성과 능력을 믿고 마음껏 성장하길 바라는 건 너무 큰 욕심이 아닐까?

"너의 속도를 존중해.
네가 원하는 걸 스스로 생각해 봐.
실패해도 괜찮아. 천천히 해도 괜찮아."

아직은 한글을 공부하고 싶지 않다고 말한 이후로 아이는 여전히 한글을 공부하고 있지 않다. 그런데 자꾸만 간판을 보며 이상한 문제를 낸다.

"엄마, 콧수염 옆에 팔을 벌리고 있는 사람이 있으면 무슨 글자게?"

간판에는 '사'가 쓰여 있다.

"엄마, 시소 위에는 해가 떴고 아래에는 달이 떴어. 무슨 글자게?"

자기는 읽을 줄도 모르면서 그림으로 퀴즈를 내는 모습이 여전히 우습긴 하다. 하지만 나는 아이를 믿는다. 다른 아이들보다 혹은 내 기준보다는 조금 천천히 갈지라도 자기만의 방법으로 멋지게 세상을 걸어가리라는 것을 말이다. 참고로 두 번째 퀴즈의 정답은 '옹'이다.

○ 엄마를 위한 그림책 한 권

슈퍼 거북

유설화 글·그림, 책읽는곰

우연히 경주에서 토끼를 이긴 거북이가 주변의 기대에 부응하고자 진짜로 토끼보다 더 빠른 거북이 되려고 애를 쓴다. 동물들은 그런 거북을 슈퍼 거북이라 부르며 스타 대접을 한다. 그런데 거북이의 표정이 지쳐 보이는 건 왜일까? 책을 읽으며 세상을 살아가는 속도에 대해 생각해 볼 수 있다.

하지만 세상을 꼭 느리게만 살아야 하는 건 아니다. 좀 더 빠르게 뛰어야만 신이 나는 사람들도 있다. 새로운 것을 먼저 배우고 싶고, 남들이 가지 않은 길을 먼저 갔을 때 삶의 기쁨을 느끼는 사람들! 사실 나의 기질은 거북이보다는 후자에 가까운 편이다. 그래서 너무 거북이의 속도만이 옳다고 강요하는 것이 아닐까 서운한 마음이 들던 차에, 작가의 후속 그림책 『슈퍼 토끼』가 출간되었다. 뛰고 싶은 사람에게 뛰지 말라고 이야기하는 것도 그 사람의 속도를 인정하지 않는 일이다. 남들보다 앞서, 전력질주를 할 때 기쁨을 느끼는 토끼의 이야기도 함께 만나 보자.

엄마의 어휘력

"엄마,
행복해?"

아이와 나란히 잠자리에 누워 그림책 한 권을 읽어 주었다.

"행복하게 살았습니다! 끝!" 하며 이야기를 끝내자 아이가 기분 좋은 미소를 지으며 말했다.

"엄마 진짜 재밌다. 나도 행복해. 엄마도 행복해?"

나는 아이의 물음에 아무 말도 할 수 없었다. 사실 너무 피곤했다. 쏟아지는 일들 사이에서 아이의 등·하원을 챙기고, 밥을 챙기고, 아직 다 처리하지 못한 일들을 뒤로한 채 아이를 재우겠다고 이불 속에 누웠다. 몸은 천근만근이지, 마음은 무겁지, 아이와 함께 누워 그림책을 보았지만 머릿속에는 아이가 빨리 잠들었으면 좋겠다는 생각뿐이었다. 그런데 예상치 못한 반응과 질문이 날아온 것이다. 나는 아무 말 없이 아이를 꼭 껴안았다.

아이가 잠든 후 나는 노트북을 켰다. 밀린 일을 겨우겨우 처리하고 굳은 목과 어깨를 움직이며 가벼운 스트레칭을 했다. 눈을 감고 긴 호흡을 들이쉬는데, 자꾸만 머릿속에 아이의 말이 맴돌았다.

'엄마도 행복해?'

멍 하니 생각에 잠겨 있자 남편이 따뜻한 차 한 잔을 건네며 말했다.

"우리 모두 참 애썼다. 오늘 하루도 고생했어."

결국 나는 울음을 터뜨리고 말았다. 슬퍼서도 힘들어서도 아니었다. 왜인지 굳이 생각하지 않은 채 그냥 한참을 울었다. 그러고 나서 조심스레 잠든 아이 곁에 누우며 나는 나지막한 목소리로 고백했다.

"엄마도 행복해."

참 애쓴 하루였다. 조금 더 잘하고 싶고 인정받고 싶어서 버둥대며 종일 힘겨워 했던 날이었다. '나 지금 뭐하고 있는 거지.' 싶어 억울하고 서러운 마음에 기운이 쭉 빠져 버렸다. 그런 하루를 보낸 후에 아이가 나에게 건넨 한 마디는 너무나 따뜻했다.

'그래. 이만하면 잘 살고 있지. 나는 행복하지. 너무 무리하지 말자. 더 소중한 걸 지키고 살자.'

행복하다는 아이의 말 한마디에서 나는 내 삶의 속도와 시선을 살펴본다. 그리고 안심한다. 내가 아이의 말은 결코 작지 않다고 느끼는 이유다. 아이의 한마디는 내 삶을 들여다보게 한다.

"나는 작가가 될 거야. 로봇도 만들고. 근데 엄마는 꿈이 뭐야?"

이미 편집자도 되어 보고, 작가도 되어 보고, 심리치료사도 되어 보았는데, 꿈이 뭐냐고 물으니 나는 또 생각하게 된다.

'나는 어떤 꿈을 가지고 살아야 할까? 내가 직업이 아닌 진짜 꿈을 꾼 적이 있을까?'

한 번은 아이가 내게 이런 질문을 했다.

"엄마는 태어나기 전에 어떤 별이었어?"

아이들은 모두 별이었다는 나의 이야기를 듣고, 엄마는 어떤 별이었는지 궁금했던 모양이다.

"그러게. 엄마는 어떤 별이었을까? 어떤 빛을 가지고 지구에 와서 이렇게 살고 있는 걸까?"

아이는 내가 금성 옆에 떠 있는 별이었는데 자기가 우주를 돌다가 나를 한 번 만난 적이 있다고 했다. 자신은 엄마를 알아보았는데, 나는 지구에 있는 할머니를 찾고 있는 것 같았다나. 그래서 우리는 그때 만나지 못했고 지구에 와서 이렇게 만나게 된 거라고 아이가 나의 탄생 신화를 이야기해 주었다.

그 이야기가 너무 고맙고 예뻐, 나는 친정 엄마에게 그대로 들려주었다.

"엄마, 엄마 손주가 그러는데 나는 원래 하늘의 별이었대. 내가 우주에서 딱 내려다보고 있다가 엄마한테 간 거래. 기특하지? 엄마 잘 찾아가고."

엄마는 재미있다는 듯 웃으며 "그러네."라고 답해 주셨다. 나는 아이에게 네가 얼마나 빛나고 특별한 별이었는지 알고 있냐고 이야기하곤 했다. 그런 별이 엄마에게 와 주어 얼마나 행복한지 모른다고 말이다. 그런데 그 아이가 나 역시 특별한 별이었다고 말한다. 나도 한 엄마의 소중한 아이였다는 걸, 내 아이의 말을 통해 깨닫는다. 아이를 키우며 나는 나를 더욱 사랑하게 된다. '소중하고 특별한 별인 내가, 반짝반짝 빛나는 너의 엄마구나.' 하며 말이다.

아이와 나눈 말들을 떠올려 보면 그 말들은 결국 나에게로 돌아온다는 생각이 든다. 아이의 손과 발을 주무르면 그 촉감에 내 기분도 좋았고, 아이를 안아 주면 나 역시 따뜻했다. 아이와 자연을 보며 나누는 대화들은 바쁜 도시의 일상에 갑갑한 나에게도 휴식이었고, 아이의 마음을 어루만지기 위해 만들어 내는 말들은 지친 내 마음에도 약이 되었다. 아이를 위해 들려주었다 생각한 말들이 더 큰 힘이 되고 치유가 되어 내게 돌아왔다.

나는 오늘도 아이에게 속삭인다.
"엄마가 정말 정말 사랑해."
아이가 내 볼에 뽀뽀를 하며 그 달콤한 말을 되돌려 준다.
"나도 엄마 사랑해."

엄마를 산책 시키는 방법

클로딘 오브링 글, 보비+보비 그림, 이정주 옮김, 씨드북

아이가 엄마를 위해 나섰다. 엄마의 간식을 챙기고 엄마가 화장실에 다녀왔는지 확인을 한다. 엄마의 옷차림도 점검하고, 날씨 좋은 날 공원으로 엄마를 데리고 나온다. 엄마를 산책시키길 좋아하는 아이는, 엄마가 행복해지려면 산책이 꼭 필요하다고 말한다. 편안하게 걷다가 마음 내킬 때 멈춰 서서 바람도 쐬고 하늘도 보자. 아이가 준비한 이벤트가 무척 마음에 든다. 아이와 엄마는 누가 더 할 것 없이 서로를 행복하게 하는 사이다.

"엄마는
무슨 색을 좋아해?"

아이가 생후 백 일쯤 되었을 무렵이다. 당시 나는 다문화가족 지원센터에서 객원 상담사로 일하며 다문화가정 아이들을 위한 임상미술치료를 진행하고 있었다.

한 아이가 엄마 손을 잡고 치료실에 들어왔다. 초등학생쯤 되어 보이는 제법 큰 아이였는데, 엄마 치맛자락을 붙들고 이리저리 흔들며 불안한 듯 엄마에게서 떨어지지 못하고 있었다. 아이의 표면적 문제는 주의산만과 약간의 폭력성이었다. 하지만 나는 서류 한 장에 적힌 아이의 이야기에 도통 집중할 수 없었다. 엄마의 치맛자락을 꼭 잡은 아이의 손가락이 너무 간절해 보였기 때문이다.

보통은 부모와 먼저 상담을 한 후, 아이를 부모와 분리시켜 미술치료를 진행하지만 이번 같은 경우에는 그럴 수가 없었다. 나는 엄마와 아이를 함께 치료실 안으로 초대했다. 그렇게 두 사람의 1년 6개월간의 미술치료가 시작됐다.

처음 몇 주 동안 아이는 마치 이 순간만을 기다렸다는 듯 엄마를 향한 부정적 감정을 쏟아냈다. 엄마가 잠깐 화장실이라도 갈라치면 안절부절못하며 엄마를 붙잡았다. 그러면서도 엄마가 곁에 있으면 온갖 불만과 짜증을 터트리며 엄마에게 모진 말을 퍼부었다. 엄마는 마치 그게 자신이 마땅히 견뎌야 하는 일이라도 되는 듯 행동했다. 아무 말 없이 아이의 부정적 감정을 받아 내고 아이의 공격에 아무 대항도 하지 않았다. 아이의 주문에 따라 움직일 뿐이었다.

그렇게 몇 주가 흘렀을까. 알록달록한 점토를 주무르며 지난 일주일을 어떻게 보냈는지 이야기를 나누는데, 아이가 대뜸 엄마에게 물었다.

"엄마는 무슨 색 좋아해?"

"어?"

아이의 갑작스런 질문에 엄마가 대답을 못하자 아이는 자기 마음대로 엄마가 좋아하는 색을 정해 버렸다.

"여자니까 분홍색 좋아하겠네."

나는 아이 엄마에게 다시 한 번 대답할 기회를 주고 싶었다.

"진짜 좋아하는 색이 뭐예요?"

"아, 분홍도 좋은데 저는 원래 보라색 좋아해요."

아이의 기분을 맞춰 주고 싶었는지 분홍도 좋아한다고 말하긴 했지만 엄마가 진짜 좋아하는 색은 보라였다. 원래부터, 어쩌면 엄마가 되기 훨씬 전부터 말이다.

아이는 엄마 말엔 관심이 없는 듯 색깔 점토를 조몰락거리는 데 집중했다. 그러더니 잠시 후 말했다.

"블루베리 아이스크림이야. 엄마 먹어."

아이는 분홍색 플라스틱 용기에 보라색 점토를 담고 표면을 매끄럽게 하기 위해 수차례 점토의 겉 부분을 다듬었다. 그러고는 엄마에게 주는 아이스크림이라며 자신의 작품을 슬쩍 내놓았다. 사실 엄마가 보라색을 좋아한다는 말을 아이는 주의 깊게 듣고 있었던 것이다.

그날은 두 사람이 함께한 미술치료 회기에 있어 가장 중요한 변곡점이 되었다. 언제나 소극적으로 아이 뒤에 서서 지켜만 보던 엄마가 그날 이후 자기 이야기를 하나씩 꺼내 놓기 시작했다. 무얼 좋아하냐 물으면 항상 아이 이름만 이야기했던 엄마였는데, 어렸을 때부터 영화를 좋아했다고 말했고, 결혼 전에 보라색 원피스를 많이 입었다고 이야기했다. 그리고 할 수만 있다면 혼자서 친구들을 만나러 여행을 다녀오고 싶다고 했다.

엄마는 누군가 자신에 대해 물어 주길, 자신을 바라봐 주길 기다리고 있었던 사람 같았다. 그런데 아이의 관심이 엄마를 향하자 달라졌다. 마치 꽁꽁 얼어 있던 작은 생명이 온기를 찾듯 조심스럽지만 기분 좋게 자신의 이야기를 꺼내기 시작했다.

아이는 그런 엄마의 이야기를 재미있어 했다. 적극적으로 관심을 보이며 더 많은 이야기를 듣고 싶어 했다. 자신의 보물 상자에 엄마가 좋아하는 보라색 색종이를 넣기도 했다. 엄마가 밝은 표정으로 자신의 이야기를 들려줄 때마다 아이의 얼굴도 점점 밝아졌다. 엄마의 치맛자락이 아닌 연필과 크레용을 쥐고 그림을 그리기 시작했다. 다 그린 뒤에는 엄마에게 자신의 그림을 설명했다. 두 사람은 즐겁게 대화를 나누었다.

1년 6개월이 지나고 마지막 회기, 나는 아이와 엄마 두 사람을 따로 만나 그리고 싶은 얼굴을 그려 보라고 말했다. 그때 아이는 활짝 웃는 엄마를 그렸다.

"엄마가 웃으면 나는 기분이 좋아요. 요즘 엄마가 나랑 잘 놀아 줘서 좋아요."

그리고 엄마는 보라색 꽃을 든 자신을 그렸다.

"선생님, 저도 이제 예전처럼 웃으며 살래요. 공부도 할 거예요."

정서적 안정감을 회복한 아이와 자신에 대한 애정을 회복한 엄마. 나는 두 사람을 보며 확신했다. 애착은 엄마가 아이에게 주는 일방적 사랑이 아니라는 것을. 엄마도 아이를 통해 사랑을 확인받고 스스로 꽤 괜찮은 사람이란 걸 깨닫는다. 아이가 엄마의 사랑 속에서 자존감을 키워 가듯 말이다. 엄마와 아이는 누가 누구에게 소속되는 관계가 아니라 동등한 인격체다. 두 인격체는 그렇게 서로를 바라보고 지지하며 함께 성장한다.

두 사람의 미술치료가 끝날 즈음, 내 아이도 제법 자라 있었다. 갓 신생아 티를 벗었던 백 일 아기는 돌이 지났고 말문이 틔었고 어린이집을 다니기 시작했다. 말이 꽤 빠른 아이여서 제법 이야기를 나눌 정도였다. 아이가 갓 태어났을 때에는 많은 초보 엄마들이 그러하듯 나 역시 한 아이를 온전히 책임져야 한다는 사실에 큰 부담을 느꼈다. 원래 하던 일들도 여전히 잘 해내면서 아이에게는 부족함 하나 없는 완벽한 엄마이고 싶은데, 그게 너무 어렵고 잘 되지 않아 끙끙 앓기도 했다. 하지만 두 사람의 미술치료 과정을 함께하고 또 지켜보며 그들을 응원하는 동안 나 역시 변해 있었다. '그래. 완벽한 엄마가 되지 말고, 함께 자라는 엄마가 되자!'

엄마의 말은 분명 아이를 자라게 한다. 아이에게 안정감을 주고 아이의 상상력을 자극한다. 아이가 조금 더 멋진 가치관을 가지고 세상을 살아갈 수 있는 지혜가 되기도 한다. 왠지 아이 앞에서 엄마의 말은 조금은 힘이 센, '커다란 말' 같다. 그래서 엄마들은 수많은 말을 아이에게 들려준다.

그에 비해 아이의 말은 아직 부족하다. 표현하고 싶은 것과 표현할 줄 아는 것이 모두 적다. 그렇지만 아이의 말은 결코 작지 않다. 엄마는 무슨 색을 좋아하냐는 간단한 물음은 과거와 현재, 앞으로의 나를 생각하게 하는 더없이 큰 질문이었다.

아이는 오늘도 내게 수많은 질문을 건넨다.

"엄마는 이 음악이 좋아? 엄마는 어떤 꽃을 좋아해? 엄마, 어렸을 때 이야기해 줘. 엄마는 친구랑 어떻게 친구가 됐어? 엄마는 이모랑 뭐하고 놀았어? 엄마는 뭐 먹고 싶어? 엄마는 꿈이 뭐야?"

아이가 건네는 질문들에 답을 하며 나는 잠시 잊어버렸다 생각했던 나를 돌아본다. 한 번도 생각해 보지 않았던 내 모습을 깨닫기도 하고, 진짜 내가 원하는 것은 무엇인가를 고민해 보기도 한다. 그렇게 나는 오늘도 아이와 함께 자라고 있다.

일상 속 한자어와 외래어,
재미난 우리말로 바꾸기

오랫동안 어린이 책을 만들며 어린이를 위한 글을 쓸 때 내가 가장 중요하게 여긴 부분은 '어린이가 쉽게 이해할 수 있는 글'을 쓰는 것이었다. 이건 아이와의 대화에서 매우 중요한 부분인데, 어른들만 이해할 수 있는 어려운 한자어나 외래어를 나열하는 건 상대방을 무시하는 일과 다름없기 때문이다.

또 아이가 말을 못 알아들었을 때에는 "아직은 몰라도 돼!"가 아니라 아이가 이해할 수 있는 말로 조금 쉽게 설명해 주도록 하자. 그래야 아이가 스스로 생각할 수 있는 개념이 더욱 많아지고 어휘력 역시 풍성해진다.

다음은 어른들이 평상시에 많이 쓰는 한자어와 외래어 들이다. 아이들과의 대화에서도 흔히 사용하는 말이니 가급적 아이들도 잘 알아들을 수 있도록 쉬운 우리말 표현으로 바꾸어 말하면 좋겠다.

◆ 자주 쓰는 외래어를 우리말로! ◆

1	가든 → **뜰, 정원**	17	딜레이 → **늦춤, 지연**
2	가이드라인 → **지침**	18	라운드 → **회, 판**
3	게스트 → **손님**	19	라운지 → **맞이방, 휴게실**
4	글로벌 → **지구촌, 전 세계적**	20	라이트 → **조명**
5	내레이션 → **해설**	21	레퍼토리 → **곡목, 상연 목록**
6	내러티브 → **줄거리**	22	래핑 → **포장**
7	네버엔딩 → **끝없는**	23	래프팅 → **급류타기**
8	네임 밸류 → **이름값**	24	랜덤 → **무작위**
9	네크워킹 → **연결망**	25	럭셔리 → **고급**
10	노하우 → **비법**	26	레벨 → **수준**
11	뉘앙스 → **어감, 느낌**	27	리더십 → **지도력**
12	뉴페이스 → **새 인물**	28	리얼하다 → **생생하다**
13	다운로드 → **내려 받기**	29	마스터 → **전문가**
14	댄스 → **춤**	30	매뉴얼 → **설명서**
15	드레스 룸 → **옷 방**	31	메뉴판 → **차림표**
16	디퓨저 → **방향제**	32	미니어처 → **작은 소품**

33 미디어 → **매체**	49 에코 → **친환경**
34 바겐세일 → **특가 할인**	50 에티켓 → **예절**
35 바캉스 → **휴가**	51 저널 → **언론**
36 뷰티 → **미용**	52 주얼리 → **보석**
37 브로슈어 → **안내서**	53 챕터 → **분야 , 장**
38 빌트인 가구 → **붙박이 가구**	54 체인지 → **바꾸다**
39 샘플 → **본보기**	55 치어리딩 → **응원**
40 서포터스 → **후원자, 응원단, 홍보단**	56 카운슬러 → **상담사**
41 서핑 → **인터넷 검색**	57 카탈로그 → **목록, 상품 안내서**
42 세단 → **승용차**	58 타깃 → **목표, 과녁**
43 슈트 → **옷, 양복**	59 타임 슬립 → **시간여행**
44 아틀리에 → **작업실**	60 터닝 포인트 → **전환점**
45 아이디어 → **생각**	61 팬데믹 → **감염병의 세계적 유행**
46 아쿠아리움 → **수족관**	62 판타지 → **환상**
47 액티비티 → **활동**	63 하이킹 → **도보 여행**
48 에이전시 → **대행사**	64 해피엔딩 → **행복한 결말**

자주 쓰는 한자어를 우리말로!

1 감소하다 → **줄어들다**	5 경청하다 → **잘 듣다, 귀 기울이다**
2 개인적 → **내가 느끼기에**	6 고의로 → **일부러**
3 게양하다 → **높이 걸다**	7 공감하다 → **누구나 그렇게 느끼다**
4 결합하다 → **(여러 개를) 잇다**	8 공동 → **여럿이 함께**

엄마의 어휘력

9	공유하다 → 나누어 쓰거나 가지다		33	속도 → 빠르기
10	국가 → 나라		34	손상되다 → 다치거나 상하다
11	노동 → 일		35	수정하다 → 고치다, 바로잡다
12	대립하다 → 서로 생각이 달라 맞서다		36	수중 → 물속
13	동일하다 → 서로 생각이 같다		37	습성 → 버릇
14	매매하다 → 물건을 사고팔다		38	시각적으로 → 눈으로 보기에
15	면적 → 넓이		39	시청하다 → 보고 듣다
16	~명 → ~이름		40	신뢰 → 믿음
17	명암 → 밝고 어두움		41	암기 → 외우기
18	반복하다 → 같은 일을 되풀이하다		42	역할 → 노릇
19	반성하다 → 잘못을 뉘우치다		43	오염시키다 → 더럽히다
20	방치하다 → 그대로 내버려 두다		44	의존하다 → 기대다
21	범위 → 테두리		45	일괄적으로 → 통틀어서
22	보완하다 → 서로 부족한 것을 채우다		46	일몰 → 해넘이
23	보편적 → 널리		47	일상 → 날마다 반복되는
24	분류하다 → 나누다		48	일출 → 해돋이
25	불필요하다 → 쓸모없다, 쓸데없다		49	입구 → 들어가는 곳
26	비용 → 돈		50	입장하다 → 들어가다
27	사색 → 생각		51	작성하다 → 쓰다
28	상기하다 → 떠올리다		52	적합하다 → 알맞다
29	생략하다 → 줄이다, 없애다		53	전국 → 온 나라, 나라 전체
30	선체 → 배의 몸		54	전력 → 전기의 힘 또는 온 힘
31	소규모 → 조그마하게		55	정면 → 바로 앞
32	소유하다 → 가지다		56	정중앙 → 한가운데

57	정오 → **한낮**	64	철거하다 → **무너뜨리다, 없애다**
58	제거하다 → **없애다**	65	첨부하다 → **붙이다**
59	조화롭다 → **어울리다**	66	체내 → **몸속**
60	종결 → **끝마침**	67	체력 → **몸의 힘**
61	중단하다 → **그만두다**	68	침투하다 → **파고들다**
62	증가하다 → **불어나다**	69	형태 → **모양**
63	지면 → **흙, 땅 또는 종이의 겉면**	70	확장하다 → **넓히다**

우리 아이
자존감 키우는 그림책

    자아존중감은 자신의 가치에 대한 주관적인 평가다. 다시 말해 나의 능력과 특성에 대한 존경의 정도를 의미한다. 자아존중감이 높은 아이들은 자기 자신을 믿고 도전을 두려워하지 않는 특성을 지닌다. 또한 자신은 사랑받아 마땅한 존재라 여기며, 그 마음을 바탕으로 다른 사람에 대한 존경과 사랑을 나눌 줄 안다.

    아이들이 보는 그림책에는 자아존중감이 높은 캐릭터들이 많이 등장한다. 책을 통해 이런 캐릭터들이 자기 자신을 받아들이고, 도전하고, 문제를 해결하며 타인과 관계를 맺는 과정을 간접 경험한 아이들은 자신에 대한 긍정적 인식을 키울 수 있다.

커졌다!

서현 글·그림, 사계절

스스로를 아주 작다고 여기는 한 아이가 있다. 이 아이가 계속 자신의 모습에 실망하고 좌절하고 이로 인해 어려움을 겪는다면 책을 읽는 아이들 역시 자신의 작은 모습을 바라보며 부정적 감정을 느낄지 모른다. 하지만 걱정하지 말길. 책 속의 작은 아이는 정말 멋진 방법으로 자신을 이 세상에서 가장 큰 아이로 만든다!

나보다 멋진 새 있어?

매리언 튜카스 글·그림, 서남희 옮김, 국민서관

빌리는 빨간 부리를 가진 멋진 새다. 하지만 친구들은 빌리를 깡마른 다리를 가진 우스꽝스러운 새라고 놀려 댄다. 타인의 부정적 평가와 시선은 빌리의 마음을 괴롭히고 행동을 위축시킨다. 무슨 방법을 써서라도 다리를 가려 보려는 빌리. 하지만 그러면 그럴수록 더욱 주눅만 들 뿐이었다. 그러던 어느 날 미술관에 간 빌리는 아주 멋진 방법을 찾아내는데! 더 이상 다른 사람의 시선이 머무는 다리에 집중하지 않고 자기만의 멋진 표현법을 찾은 빌리의 모습이 정말 아름답다.

화분을 키워 주세요

진 자이언 글, 마거릿 블로이 그레이엄 그림, 공경희 옮김, 웅진주니어

모두가 휴가를 떠나는 여름, 바쁜 아빠 때문에 마을에서 유일하게 휴가를 떠나지 못하는 한 가정의 이야기다. 여기까지만 들으면 이 가족

정말 짜증나겠다 싶지만 환히 웃으며 이웃들의 화분을 키워 주기로 한 토미를 만나는 순간 괜한 걱정을 했구나 싶어진다. 토미는 실망스럽고 화가 날 법한 상황 속에서도 자기만의 즐거움과 놀이를 찾아낸다. 일상을 여행처럼 바꾸어 놓는 토미의 행동들을 따라가다 보면 이 아이의 건강한 내면에 절로 힘을 얻게 된다.

무슨 일이지?

차은실 글·그림. 향

동물들이 모두 한 방향으로 달려간다. 도대체 무슨 일이 일어난 건지 궁금해 하며 안절부절못하는데, 동물들을 따라가 보니 웅덩이에 빠진 아주 작은 거북이가 나온다. 동물들은 거북이를 돕지 못해 안달이다. 마치 아이들이 작은 도전이라도 할라치면 걱정되어 안절부절못하는 어른들처럼 말이다. 하지만 우리의 꼬마 거북이는 "괜찮아요!"라고 말하며 정말 멋지게 거절한다. 비록 한 번에 성공하진 못하더라도, 능숙하게 해내지는 못하더라도 자기의 능력으로 어려움을 극복하고자 하는 거북이의 모습에 저절로 박수가 나오고, 엄마 미소가 지어진다.

위대한 건축가 무무

김리라 글·그림. 토토북

무무는 우리 주변에서 흔히 볼 수 있는 아이다. 집에 있는 온갖 물건들을 꺼내와 뚝딱거리며 무언가를 만들길 좋아한다. 스스로 계획을 세우고, 재료를 구하고, 실패를 이겨 내며 원하는 작품을 만들어내는 무무의 모습이 매우 진지하다. 아이들은 놀이를 계획하고 수행하는 과정을 통해 자신의 능력을 확장시키고, 자신의 가능성을 믿게 된다는 것을 무무의 모습을 바라보며 깨닫게 된다.

1장_ 이 세상은 안전해!

아이와 애착을 형성하는 엄마의 어휘력(0~18개월)

반가워! 아이의 탄생, 환영의 말을 준비할 시간

『지구에 온 너에게』, 소피 블랙올 글·그림, 정회성 옮김, 비룡소

뽀뽀뽀, 코코코, 쭉쭉쭉! 애착을 부르는 접촉의 말

『엄마랑 뽀뽀』, 김동수 글·그림, 보림

『아빠한테 찰딱』, 최정선 글, 한병호 그림, 보림

『사랑해 사랑해 우리 아가』, 문혜진 글, 이수지 그림, 비룡소

나비잠과 꽃잠, 불안을 없애는 편안한 말

『어린이가 정말 알아야 할 우리 전래 동요』, 신현득 글, 정병례 그림, 현암사

『북쪽 나라 자장가』, 낸시 화이트 칼스트롬 글, 리오 딜런·다이앤 딜런 그림, 이상
희 옮김, 보림

탁탁 틱틱 톡톡 툭툭! 호기심을 자극하는 재미있는 말

『여우는 어떤 소리를 내지?』, 일비스·크리스티안 레크스튀르 글, 스베인 니후스
그림, 박하재홍 옮김, 같이보는책

엉덩이 나팔 뿌우우웅, 내 몸을 탐색하는 똑똑한 소리

『내 몸이 말해요』, 한나 알브렉트손 글·그림, 김지영 옮김, 키즈엠

폭신폭신 솜털씨앗, 만족감을 주는 촉감 단어

『내 사랑 뿌뿌』, 케빈 헹크스 글·그림, 이경혜 옮김, 비룡소

『코끼리 행진』, 케빈 헹크스 글·그림, 초록색연필 옮김, 키즈엠

『아기 토끼 하양이는 궁금해!』, 케빈 헹크스 글·그림, 문혜진 옮김, 비룡소

아이가 만나는 첫 번째 예술, 아기 그림책
『잘잘잘 123』, 이억배 그림, 사계절
『옹달샘』, 윤석중 글, 홍성지 그림, 문학동네
『구슬비』, 권오순 글, 이준섭 그림, 문학동네
『이건 책이 아닙니다』, 장 줄리앙 글·그림, 키즈엠
『기차가 출발합니다』, 정호선 글·그림, 창비

2장_ 하늘만큼 땅만큼 커져라!
아이의 오감을 깨우는 엄마의 어휘력(18~36개월)

수리수리마수리! 마법사가 되는 관찰의 언어
『그건 내 조끼야』, 나카에 요시오 글, 우에노 노리코 그림, 박상희 옮김, 비룡소
『사과가 쿵』, 다다 히로시 글·그림, 정금 옮김, 보림
『달님 안녕』, 하야시 아키코 글·그림, 이영준 옮김, 한림출판사
『최승호·방시혁의 말놀이 동요집』, 최승호 글, 윤정주 그림, 방시혁 작곡, 비룡소
『태어나서 세 돌까지 행복한 말놀이』, 오펄 던 글, 샐리 앤 램버트 그림, 홍연미 옮김, 천개의바람

꽃구름과 하늘 팔레트, 새로운 색깔을 찾아 주는 엄마의 말
『세상의 많고 많은 초록들』, 로라 바카로 시거 글·그림, 김은영 옮김, 다산기획
『세상의 많고 많은 파랑들』, 로라 바카로 시거 글·그림, 김은영 옮김, 다산기획

큰센바람과 왕바람, 상상하며 자라게 하는 자연의 힘
『폭풍우 치는 날의 기적』, 샘 어셔 글·그림, 이상희 옮김, 주니어RHK

줄줄이 개미장, 관찰력을 향상시키는 집중의 말
『홀라홀라 추추추』, 카슨 엘리스 글·그림, 김지은 옮김, 웅진주니어

우다다다다 달구비, 경험을 이끄는 신나는 말
『이렇게 멋진 날』, 리처드 잭슨 글, 이수지 그림, 이수지 옮김, 비룡소

엄마의 어휘력

비자림 맛 수프, 추억이 쌓이는 맛있는 말
『소리 산책』, 폴 쇼워스 글, 알리키 브란덴베르크 그림, 문혜진 옮김, 불광출판사
『할머니의 밥상』, 고미 타로 글·그림, 고향옥 옮김, 담푸스

송알송알 조롱조롱, 예술 감상을 위한 감각 언어
『나의 미술관』, 조안 리우 글·그림, 단추
『난 세상에서 가장 대단한 예술가』, 마르타 알테스 글·그림, 노은정 옮김, 사파리

안녕, 찬바람머리! 자연에서 배우는 신기한 계절 언어
『겨울은 여기에』, 케빈 헹크스 글, 로라 드론제크 그림, 한성희 옮김, 키즈엠

그림책으로 키우는 생명 감수성
『꼬마 농부의 사계절 텃밭 책』, 카롤린 펠리시에·비르지니 알라지디 글, 엘리자 제앙 그림, 배유선 옮김, 이마주
『벚꽃 팝콘』, 백유연 글·그림, 웅진주니어
『풀잎 국수』, 백유연 글·그림, 웅진주니어
『낙엽 스낵』, 백유연 글·그림, 웅진주니어
『사탕 트리』, 백유연 글·그림, 웅진주니어
『살랑살랑 봄바람이 인사해요』, 김은경 글·그림, 시공주니어
『촉촉한 여름 숲길을 걸어요』, 김슬기 글·그림, 시공주니어
『울긋불긋 가을 밥상을 차려요』, 김영혜 글·그림, 시공주니어
『겨울 숲 친구들을 만나요』, 이은선 글·그림, 시공주니어

3장_ "왜?"라고 묻는 아이에게!
아이의 상상력을 길러 주는 엄마의 어휘력(3~5세)

"엄마, 나무는 왜 나무야?" 사물의 이름으로 세계를 만드는 아이들
『아빠 나한테 물어봐』, 버나드 와버 글, 이수지 그림, 이수지 옮김, 비룡소

"엄마, 사람은 왜 못 날아?" 자신의 가능성을 발견하는 아이들
『발레리나 토끼』, 도요후쿠 마키코 글·그림, 김소연 옮김, 천개의바람

"엄마는 어디 가고 싶어?" 상상의 나라로 여행을 떠나는 아이들
『바다와 하늘이 만나다』, 테리 펜·에릭 펜 글·그림, 이순영 옮김, 북극곰
『나의 계곡』, 클로드 퐁티 글·그림, 윤정임 옮김, 비룡소
『빨간 머리 앤』, 루시 모드 몽고메리 글, 조디 리 그림, 김경미 옮김, 시공주니어

"엄마, 왜 눈물이 나는 거야?" 복잡하고 섬세한 감정의 세계
『이모의 결혼식』, 선현경 글·그림, 비룡소
『다람쥐의 구름』, 조승혜 글·그림, 북극곰

"엄마, 밤은 왜 와?" 두려움을 질문하는 아이들
『고마워요 잘 자요』, 패트릭 맥도넬 글·그림, 김은영 옮김, 다산기획

"엄마, 나는 왜 없어?" '특별한' 존재를 위한 '특별한' 탄생 설화
『나는 태어났어』, 핫토리 사치에 글·그림, 이세진 옮김, 책읽는곰

"엄마, 죽으면 없어져?" 추상적 개념을 묻는 아이들
『이게 정말 천국일까?』, 요시타케 신스케 글·그림, 고향옥 옮김, 주니어김영사

"엄마, 내가 쓴 이야기가 뭐야?" 아이의 생각을 문장으로 풀어내는 법
『책의 아이』, 올리버 제퍼스·샘 윈스턴 글·그림, 이상희 옮김, 비룡소

상상력이 풍부할수록 무서운 것도 많아지는 법! 아이의 두려움 극복하기
『토끼와 늑대와 호랑이와 담이와』, 채인선 글, 한병호 그림, 시공주니어
『왜요?』, 린제이 캠프 글, 토니 로스 그림, 바리 옮김, 베틀북

4장_ 나를 인정해!
아이의 자존감을 높이는 엄마의 어휘력(4~6세)

빨강은 멋있어! 빨강은 용감해! 감정이 색깔을 가졌다면?
『파랗고 빨갛고 투명한 나』, 황성혜 글·그림, 달그림

『엄마가 알을 낳았대』, 배빗 콜 글·그림, 고정아 옮김, 보림
『아기는 어떻게 생겨요?』, 파울린느 아우드 글·그림, 북드림아이

"무서워! 싫어! 아니야!" 속에 숨어 있는 아이의 마음
『내 마음을 보여 줄까?』, 윤진현 글·그림, 웅진주니어
『그 녀석, 걱정』, 안단테 글, 소복이 그림, 우주나무

5장_ 소통의 기술은 필수!
아이의 사회성을 키워 주는 엄마의 어휘력(5~7세)

'예쁜 애' 대신 다른 칭찬하기! 편견과 선입견을 깨는 말
『가을에게, 봄에게』, 사이토 린·우키마루 글, 요시다 히사노리 그림, 이하나 옮김, 미디어창비

달라서 재미있는 꽃밭, 다름을 인정하는 수용의 말
『도토리 마을의 1년』, 나카야 미와 글·그림, 김난주 옮김, 웅진주니어

열려라, 마음 주머니! 친구에게 다가가기 위한 용기의 말
『알사탕』, 백희나 글·그림, 책읽는곰

한올진 실 짝꿍, 모두 다 함께 노는 즐거운 말
『너는 내 친구야, 왜냐하면……』, 귄터 야콥스 글·그림, 윤혜정 옮김, 나무말미
『곰돌이 푸우는 아무도 못 말려』, 앨런 알렉산더 밀른 글, 어니스트 하워드 쉐퍼드 그림, 조경숙 옮김, 길벗어린이

"어떤 친구야?" 비난 대신 관심을 이끄는 말
『이파라파냐무냐무』, 이지은 글·그림, 사계절

웃음 가스, 우리 함께 웃을까?
『메리 포핀스』, 패멀라 린던 트래버스 글, 로랜 차일드 그림, 우순교 옮김, 시공주니어

『뭐든 될 수 있어』, 요시타케 신스케 글·그림, 유문조 옮김, 위즈덤하우스
『주무르고 늘리고』, 요시타케 신스케 글·그림, 유문조 옮김, 스콜라

대화하며 상상하며, 스스로 만든 이야기를 들려주는 아이
『이야기 기다리던 이야기』, 마리안나 코포 글·그림, 레지나 옮김, 딸기책방
『이야기 길』, 마달레나 마토소 글·그림, 김수연 옮김, 길벗어린이

친구랑은 무조건 친해야 하는 걸까? 아이의 또래 관계
『우리가 바꿀 수 있어』, 프리드리히 카를 베히터 글·그림, 김경연 옮김, 보림
『똑, 딱』, 에스텔 비용-스파뇰 글·그림, 최혜진 옮김, 여유당

6장_ 엄마도 아이의 언어를 먹고 자란다!
아이가 열어 주는 또 다른 세계

"엄마! 언제나처럼 웃으면서 만나!"
『하지만 하지만 할머니』, 사노 요코 글·그림, 엄혜숙 옮김, 상상스쿨

"엄마, 아직은 알고 싶지 않아."
『슈퍼 거북』, 유설화 글·그림, 책읽는곰
『슈퍼 토끼』, 유설화 글·그림, 책읽는곰

"엄마, 행복해?"
『엄마를 산책 시키는 방법』, 클로딘 오브링 글, 보비+보비 그림, 이정주 옮김, 씨드북

엄마의
어휘력

초판 1쇄 발행 2021년 8월 24일
초판 9쇄 발행 2023년 4월 12일

지은이 표 유 진
발행인 강 선 영·조 민 정
표지·본문 일러스트 정 진 엽

펴낸곳 ㈜ 앵글북스
주소   서울시 종로구 사직로8길 34 경희궁의 아침 3단지 오피스텔 407호
전화   02-6261-2015
팩스   02-6367-2020
메일   contact.anglebooks@gmail.com

ISBN 979-11-87512-57-8 13590